U0052257

Rose

Rose

Rose

Rose

全年度
玫瑰栽培
基礎書

鈴木満男
Suzuki Mitsuo

圖片：諾瓦利斯 Novalis

全年度
玫瑰栽培
基礎書

目錄

Contents

12個月栽培指南　27

玫瑰主要的病蟲害＆防治法　78

Q&A　86

本書的使用方法

指南小精靈

介紹每個月栽培方法的的指南小精靈。無論是什麼植物都能完美地說明介紹，但其實有點緊張害羞……

本書將玫瑰（木立性）的栽培，區分成1至12月，針對每個月的作業和管理進行詳盡的解說。也會針對主要的種類、品種的解說、病蟲害的防治法等，淺顯易懂地進行介紹。

＊**「玫瑰栽培的基礎」**（P.5至P.13），針對木立性玫瑰的樹型、部位的名稱、栽培時所需的資材用品等進行說明。

＊**「推薦的經典名花＆容易栽培的新品種」**（P.14至P.26），嚴選出長期被栽培且擁有高人氣的經典品種、耐病性強且容易栽培的新品種，並分成大輪、中、小輪進行介紹。

＊**「12個月栽培指南」**（P.27至P.77），將每個月的作業分成兩階段進行解說：即使是初學者也一定要進行的 基本 作業、中高級者若有多餘精力時，可嘗試著挑戰的 進階 作業。

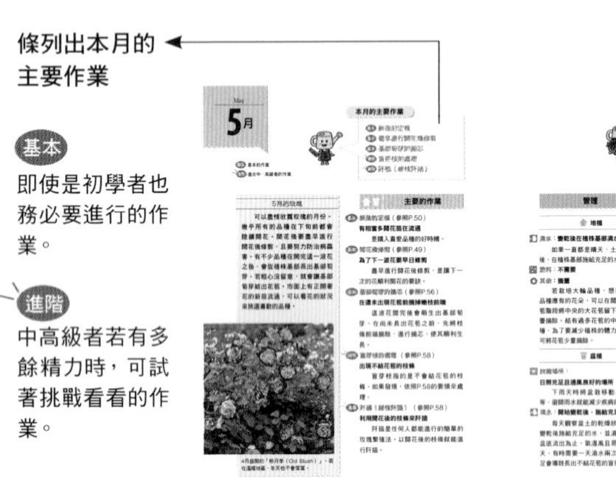

條列出本月的主要作業
基本
即使是初學者也務必要進行的作業。
進階
中高級者若有多餘精力時，可試著挑戰看看的作業。
條列出本月的管理要點
5月
本月的主要作業
本月的管理

＊**「玫瑰的主要病蟲害和防治法」**（P.78至P.85），針對玫瑰會發生的主要病蟲害，及對策辦法進行解說。

＊**「Q&A」**（P.86至P.92），針對栽培上常會出現的問題進行解答。

● 本書雖以日本關東以西地區為基準進行說明，但已依照台灣環境加以修改部分內容。隨著不同的地區和氣候，生長狀況、開花期、適合作業的時期也會有所不同。此外，澆水、肥料的分量等為參考值。請視植株的實際狀況進行調整。

● 依據「植物品種及種苗法」的規定，不得在沒有品種權利人之同意下，以讓渡、販賣為目的，進行已取得品種權利之品種的繁殖。進行扦插等營養繁殖時，請於事前仔細確認。

玫瑰栽培的基礎

在開始栽培之前必須先了解的
玫瑰特性、花朵構造、
需要準備的資材等。

Rose

派特奧斯汀 Pat Austin
（參照P.24）

NP-H.Imai

輕鬆掌握 每個月の作業&管理

介紹栽培的基礎和推薦的品種

庭院中或陽台上，如果有一株四季開花的玫瑰，從初夏到晚秋就能有好幾次欣賞花朵的機會。看到自己種的玫瑰開花時，那種喜悅是無可言喻的。挑選喜歡的品種來栽種，享受玫瑰為我們的日常生活帶來的芳香與美麗吧！

過去很多人認為玫瑰有不少病蟲害，不好照顧，但近年來有越來越多強健且容易栽培的品種發表上市，其實只要簡單的管理工作，就能欣賞到美麗的花朵。

在本書中，將依照月份，詳細為各位解說木立性四季開花玫瑰的作業和管理工作，並針對容易栽培的玫瑰，及經典名花一併作介紹。

橫張性的小輪品種「薰衣草梅安（Lavender Meidiland）」，滿滿的花幾乎能覆蓋住整個植株。

木立性玫瑰的基本知識

植株可自立

玫瑰可依照樹型分類成：木立性、枝條呈半蔓狀延展的半蔓性、枝條呈蔓狀延展的蔓性。木立性英文稱「Bush Rose」，依照文意，植株可如同矮樹叢般自立，並且可大分成：枝條向上伸展的「直立性」、枝條朝斜上或側邊伸展的「橫張性」。

四季開花

以玫瑰的開花習性來看，可分成三種類：從春季到晚秋會不斷重複開花的稱為「四季開花」、只會在春季開花一次的「一季開花」、秋季時會再次開花的「重複開花」。木立性的玫瑰幾乎都是四季開花。

喜歡日照充足、排水性佳的場所

不只有木立性玫瑰，多數的玫瑰都喜歡日照充足的場所、排水性佳的土壤。請將玫瑰種植在最起碼有半天時間會有陽光照射的場所。盆植的玫瑰亦同，種植在陽台等場所時，也要盡可能放置在有充足日照的位置。

具有存在感的大輪品種「我的花園（My Garden）」。

為了讓讀者容易理解，選用了蔓性玫瑰的圖片。

花莖（開花枝）各部位的名稱

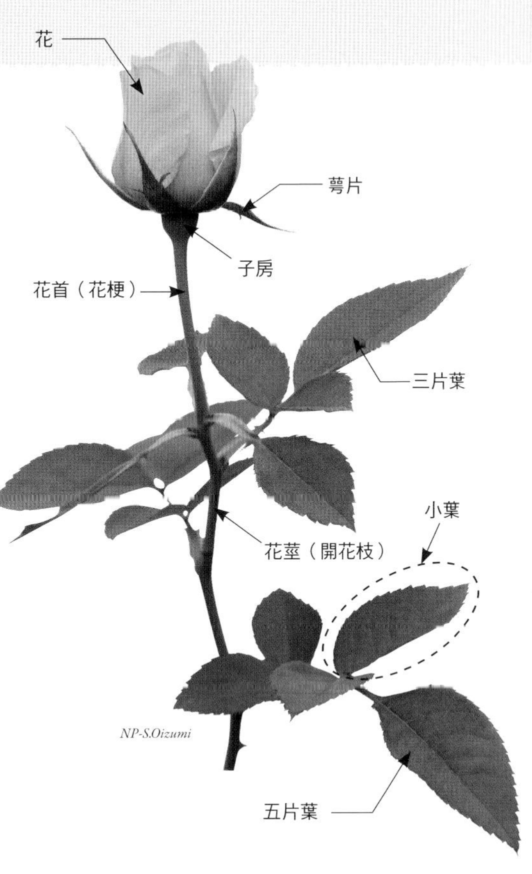

基部筍芽・側部筍芽

● 基部筍芽

從植株基部生長出來的新芽，能成為將來主要枝幹的重要枝條。有些品種每年都會長出基部筍芽，也有些品種在過了數年之後就不容易長出基部筍芽，但老舊枝條仍會持續開花好幾年。

● 側部筍芽

從枝幹的中途生長出來，長勢旺盛的新芽。

木立性玫瑰的樹型

直立性

枝條向上伸展，不太會橫向擴張

＊樹型的分類因人而異，也有更細分出半直立性和半橫張性的情況。

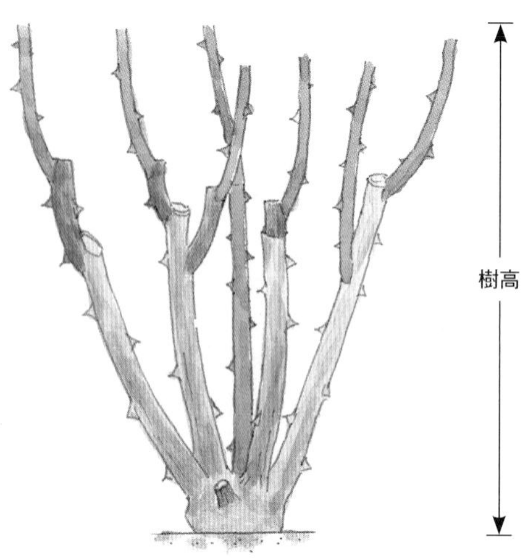

橫張性

枝條向側邊或斜上伸展，植株橫向擴張

植株大小
（進行過冬季修剪的成株於春季開花時的高度）

大（高）＝春季時的樹高約1.5至1.8公尺以上
中＝樹高約1.0至1.5公尺
小（低）＝樹高在1.0公尺以下

＊**成株**　成熟的植株。定植後約經過3年，已接近該品種原有的樹高和寬幅，換句話說就是長大成人的植株。

花朵的大小（花徑）

大輪＝11至20公分
中輪＝5至10公分
小輪＝5公分以下

＊針對花徑的大小並無明確規定。時而因人而有不同的定義。

玫瑰栽培相關用語

＊列舉出本書中主要會出現的栽培相關用語。

大苗　8至10月時進行芽接，1至2月時進行切接，並將嫁接過的苗培育約一年後的植株。從9月下旬到隔年3月會在市面上流通。

盆面置肥　放置固體肥料在盆面邊緣。發酵油粕製成的固體肥料等有機肥料，依據花盆的大小適量施給。

花期調節　減少花苞數，延長花朵觀賞期的作法。將花苞摘除後，下個花苞馬上就會生長，能持續有花朵可以欣賞。多半會將春天第一波花的花苞摘除約兩成，來調節花期。如此可將花期延長約一星期。

花莖（開花枝）　開花的枝條，也被稱為「Stem」。

寒肥　在休眠的冬季時，為地植玫瑰所施給的緩效性有機肥料。會在土中慢慢分解，能幫助根部成長和出芽的重要肥料。

五片葉　多數園藝品種的葉片由五片小葉組成，稱「五片葉」。最接近花梗的葉片多為「三片葉」。五片葉的基部有健康的好芽。剪除殘花時，建議盡量在大的五片葉上下刀。

枝條更新回春　從植株基部長出新的基部筍芽，取代已經過了數年的老舊枝條。僅限有此性質的品種，若是不會更新回春的品種，老舊枝條會漸漸變粗並長年持續生長。

修剪　剪除不要的枝條。不僅能修整樹型，同時整理茂密雜亂的枝條，讓植株中心部位能照射到陽光，而且讓通風變好。

摘芯．摘蕾　將柔軟的枝葉前端約二至三節，以手指摘除，也稱軟摘芯。如果是已經變硬的前端以剪刀等在任意的位置上剪除，則稱為硬摘芯。只摘除花苞，稱為摘蕾。

土壤改良　將種植場所的土壤改良成適合植物生長的土質。多半是在土壤中加入腐葉土和完全腐熟的堆肥，使土壤變鬆軟。為了提高排水性，也可加入珍珠石或鹿沼土等硬質的粒狀介質。

換盆（換土）　休眠期時替盆植的玫瑰更換新土。主要是在一至三月上旬進行。

開花後修剪　剪除快要開完的花朵及殘花。玫瑰多半是在花莖一半的位置上，以剪刀將殘花剪除。

盲芽枝　在枝條的前端本來會開花，但卻出現不結花苞的狀態。受氣候條件或品種特性等的影響，玫瑰常會因為某些理由，為了要儲蓄體力而不結花苞。

栽培前先備齊的工具&資材

介紹在栽培玫瑰時，不可缺少的工具和資材。

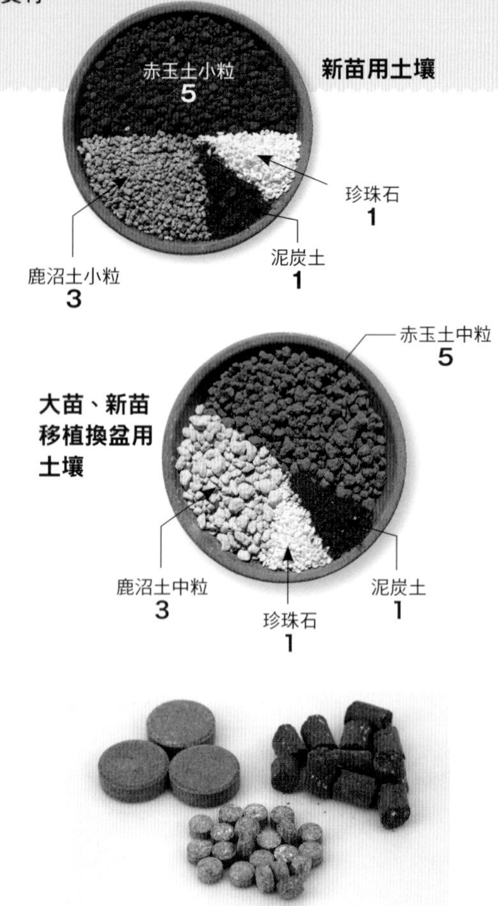

各式各樣的有機固體肥料。

盆植

如果是利用花盆來栽培玫瑰，那就需要準備花盆、土壤、肥料。請依照玫瑰的生育狀況、成長階段，選用最適合的資材。

●**花盆**　市面上所販售的花盆，有各式各樣的材質、尺寸、顏色，而其中對玫瑰生長有幫助的是黑色或深綠色的合成樹脂製花盆。但如果不介意生長速度稍微緩慢，也可依喜好選用各種材質或造型的花盆。

新苗定植用　6吋盆

新苗移植換盆用　8吋盆（將4月定植的植株在7月下旬時，換到大2吋的花盆中。參照P.64）。

大苗定植用　8吋盆

隔年的移植換盆用　10吋盆

●**土壤**　盆栽種植時，依照新苗、從新苗長大的苗、大苗等不同，根部狀況、植株體力也會不同，所以建議使用的土壤也要改成適合的調配比例。

新苗用　赤玉土小粒5、鹿沼土小粒3、珍珠石1、泥炭土（酸性未經調整）1、盆底石（赤玉土大粒、赤玉土中粒各適量）。

新苗移植換盆用・大苗用　赤玉土中粒5、鹿沼土中粒3、珍珠石1、泥炭土（酸性未經調整）1、盆底石（赤玉土大粒、赤玉土中粒各適量）。

●**肥料**　為盆植的玫瑰施給有機固體肥料。種植草花時會將化合肥料混在盆土中，但玫瑰不需要將肥料混進土壤，而是放置在土壤表面。

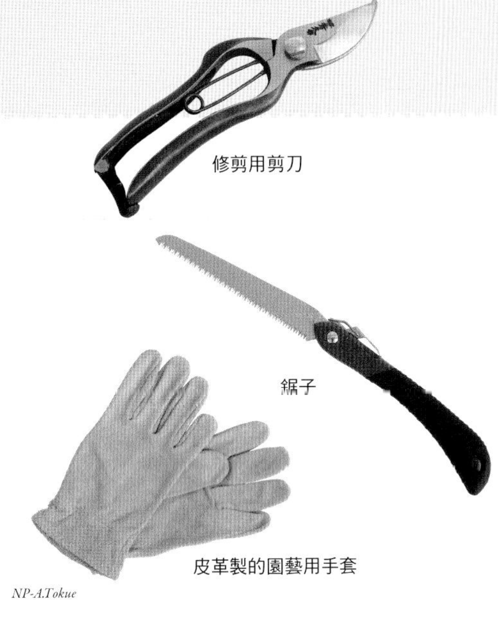

修剪用剪刀

鋸子

皮革製的園藝用手套

地植

庭院種植時所需要的資材是以定植、寒肥用的土壤改良材和肥料為主。

土壤改良材　完熟堆肥（馬糞堆肥、牛糞堆肥等）。

肥料　油粕、發酵有機肥、硫酸鉀、熔成磷肥、化合肥料（N-P-K＝10-12-8等）。參照P.52。

防治病蟲害用的藥劑等
（盆植・地植共通）

玫瑰的栽培管理中，不可缺少的工作就是疾病與害蟲的防治。如果只有栽種幾盆盆植玫瑰，能同時防治疾病與病蟲的手動噴霧型藥劑會較為便利。噴灑時為了不讓手接觸到藥劑，要使用橡膠手套，並穿戴農藥用的防護口罩及長袖的工作服等。

如果是在庭院中種植而且植株數量多時，請準備專用的藥劑和噴霧器。藥劑需要殺蟲劑和殺菌劑，還需要稀釋藥劑或攪拌時所需的容器、量杯、點滴吸管等。詳細請參照P.78。

修剪用的工具（盆植 地植共通）

在玫瑰的栽培管理中，修剪是不可缺少的。請準備好下述的工具。

修剪用剪刀　修剪玫瑰枝條時必備的剪刀。請選用雖然單價稍高，但鋒利好用的剪刀。選擇拿握起來合手的尺寸也是相當重要的。

＊使用過後請將樹液等的髒污擦拭乾淨，使用後盡可能利用砥石進行研磨。

鋸子　切除粗枝時使用。鋸齒細的鋸子較為合適。

皮革製的園藝用手套　為了不讓玫瑰的刺傷害到手，建議使用皮革製手套。

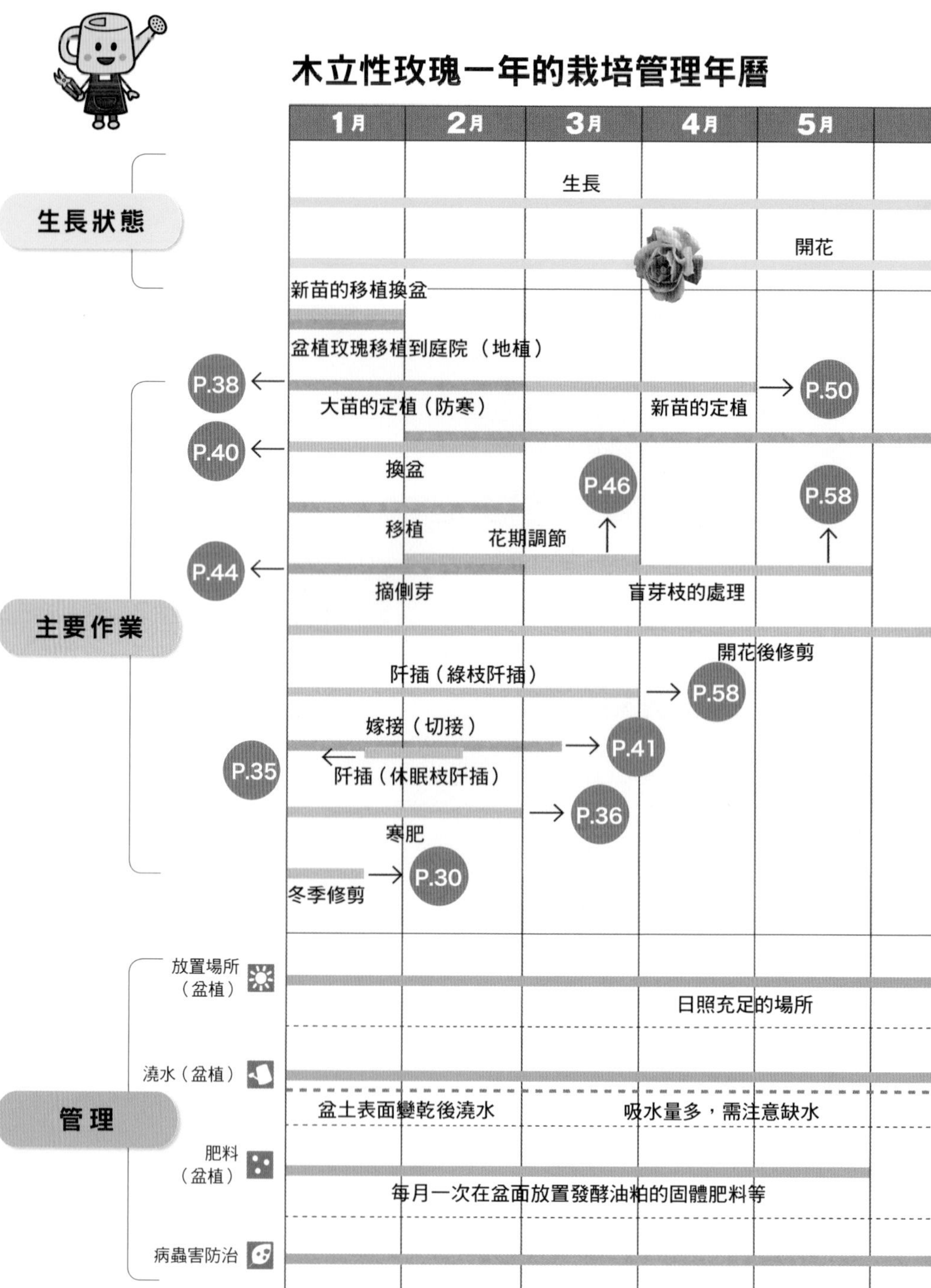
木立性玫瑰一年的栽培管理年曆
1月
2月
3月
4月
5月
生長狀態
生長
開花
新苗的移植換盆
主要作業
盆植玫瑰移植到庭院（地植）
P.38
P.50
大苗的定植（防寒）
新苗的定植
P.40
換盆
P.46
P.58
移植
花期調節
P.44
摘側芽
盲芽枝的處理
開花後修剪
扦插（綠枝扦插）
P.58
嫁接（切接）
P.41
P.35
扦插（休眠枝扦插）
P.36
寒肥
P.30
冬季修剪
管理
放置場所（盆植）
日照充足的場所
澆水（盆植）
盆土表面變乾後澆水
吸水量多，需注意缺水
肥料（盆植）
每月一次在盆面放置發酵油粕的固體肥料等
病蟲害防治

以台灣區域為基準

	6月	7月	8月	9月	10月	11月	12月
新苗的移植換盆（P.64）					●	●	●
盆植玫瑰移植到庭院（地植）（P.68）					●	●	●
大苗的定植（防寒）					●	●	●
換盆						●	●
移植（P.49）						●	●
基部筍芽的摘芯（P.56）	●						
開花後修剪	●	●	●	●			
阡插（綠枝阡插）					●	●	
抗暑對策（P.65）		●	●	●			
寒肥						●	●
防颱措施（P.66）	●	●	●	●			
秋季修剪（P.72）					●		
半日照	●	●	●	●			
日照充足的場所					●	●	●
雨量少時要注意缺水，冷夏時要減少水分。	●	●					
高溫期時要注意乾燥	●		●	●			
吸水量多，需注意缺水					●	●	●
每月一次在盆面放置發酵油粕的固體肥料等					●	●	●

推薦的經典名花&容易栽培的新品種

精選出具有四季開花性的
大輪品種、中、小輪品種、
讓人會想要擁有的魅力品種、
耐病性強的新品種等，
向你一一介紹。

❶花色　❷花徑　❸樹型・樹高（樹高×樹寬）
❹育出國・育種公司（育出者）・育出年份
❺耐病性（極強・強・稍強・普通・弱）
・極強・強→可無農藥栽培
・稍強→約十天進行一次藥劑散布
・普通以下→約一星期進行一次藥劑散布

ROSE
大輪

伯爵夫人黛安娜 Gräfin Diana

❶暗紅紫色　❷11公分　❸橫張・1.2至1.5×1.0公尺
❹德國・Kordes・2012　❺極強

大輪且花瓣數多，香味濃郁。對黑點病、白粉病的耐病性高，易栽培，但刺多，且樹高會長高。建議栽培在風勢較弱的場所。

NP-S.Oizumi

凡爾賽玫瑰 La Rose de Versailles

❶緞面紅 ❷13至14公分 ❸直立・1.8×1.0公尺
❹法國・Meilland・2012 ❺稍強

花朵大且搶眼醒目，第二波花的花朵也大。劍瓣高芯型，雖屬樹高會長高的品種但開花性佳。對黑點病的耐病性稍弱，需要進行防治工作。

NP-S.Oizumi

超級明星 Super Star

❶朱紅色 ❷12公分 ❸橫張・1.3×1.2公尺
❹德國・Tantau・1960 ❺弱

多數朱紅色的品種若在寒冷地區顏色會變暗沉，但此品種依然能保持鮮明色澤。多刺。也許是為了要從春季到深秋能持續生長，所以枝條柔軟。栽培要訣在於不要施肥過多，並且要讓枝條變硬。有變異成蔓性的品種。

NP-M.Fukuda

NP-H.Imai

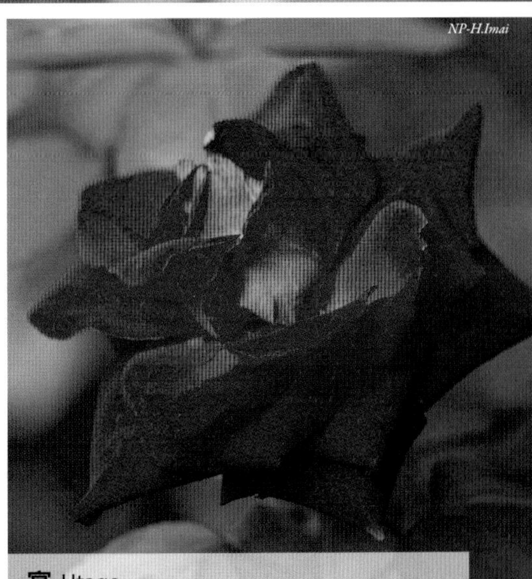

宴 Utage

❶紅色 ❷10至13公分 ❸直立・1.3×0.8公尺
❹日本・京成玫瑰園藝・1979 ❺稍強

雖是平凡的紅色玫瑰，但栽培容易，不須特別照顧也能長期開花。筍芽粗，刺少。缺點在於花瓣數稍微少。

伊芙伯爵 Yves Piaget

❶玫瑰紅 ❷14公分 ❸橫張・1.5×1.2公尺
❹法國・Meilland・1984 ❺普通

稀少的巨大輪，如芍藥般的花型，香氣濃郁芬芳。成長速度慢，雖不常長筍芽，但枝幹的壽命長，能慢慢生長成大植株。也有切花少量流通於市面。

NP-Y.Sakurano

↓ 婚禮鐘聲 Wedding Bells

❶玫瑰紅 ❷13至15公分
❸橫張・1.2至1.5×1.0至1.4公尺
❹德國・Kordes・2010 ❺極強

筍芽多萌發，雖是橫張性，但能生長成圓整勻稱的株型。劍瓣高芯的大輪花，有香味。葉片光滑有亮澤。雖會盲芽，但只要善加利用，就能讓花不停地綻放。幾乎不會發生病害。

NP-S.Oizimi

NP- N.Kamibayashi

↑ 言語 Parole

❶玫瑰紅 ❷15公分 ❸橫張・1.3至1.5×1.0公尺
❹德國・Kordes・2001 ❺稍強

大輪花，春、秋季時花徑可達20公分。香味強。對黑點病的耐病性較強，植株能逐年變大。耐暑性強。枝條脆弱。另有樹高較低、花色淡的突變品種「甜言蜜語（Sweet Parole）」。

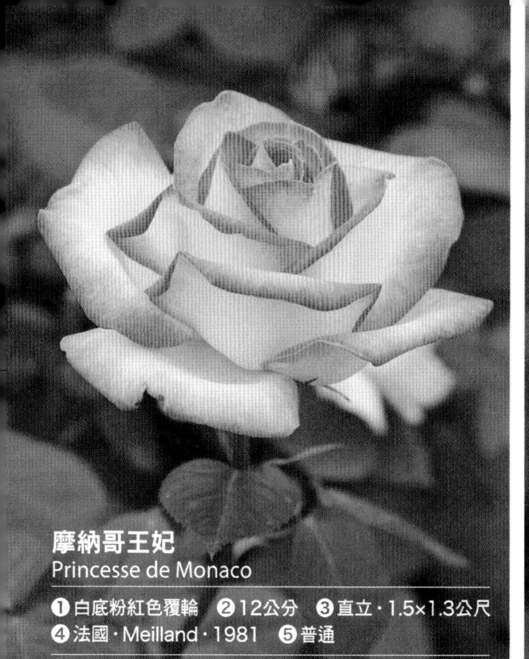

NP-H.Imai

摩納哥王妃
Princesse de Monaco

❶白底粉紅色覆輪 ❷12公分 ❸直立・1.5×1.3公尺
❹法國・Meilland・1981 ❺普通

會萌生粗筍芽，能長成大型植株。葉片厚，光滑有亮澤。耐暑性稍微弱，夏季時要經常澆水。筍芽長出後要盡早摘芯，並培育成硬實的枝條。

NP-M.Tsutsui

我的花園 My Garden

❶淡桃色 ❷13公分 ❸直立・1.8×1.5公尺
❹法國・Meilland・2008 ❺極強

耐病性、耐寒性、耐暑性皆強，即使是初學者也能輕鬆栽培。會在長且粗的枝條前端開出大輪花，香味佳。枝條壽命長，能長成結實的植株。也適合以大型盆栽來栽培塑型。

NP-M.Tanabe

和平 Peace

❶奶油黃底色・桃色覆輪 ❷15公分
❸橫張・1.5×1.4公尺
❹法國・Meilland・1945 ❺普通

名花。花徑大，開花性佳，能長成大型植株。要培育出好植株的要訣是：筍芽的摘芯、夏季的澆水、修剪時要淺修。耐病性弱，需要定期噴灑藥劑。

NP-H.Imai

正義喬伊 Just Joey

❶杏橘色 ❷14公分 ❸橫張・1.0×1.0公尺
❹英國・Cants・1972 ❺強

多數的橘色系花色品種，很難維持植株狀態，但此品種容易栽培。大輪花，雖枝數多但株型勻稱。耐病性屬中上，耐暑性強。

愛蓮娜 Elina

❶奶油黃 ❷12公分 ❸直立・1.4×1.0公尺
❹英國・Dickson・1985 ❺強

圓瓣高芯型的大輪花，容易栽培。耐病性屬中上，樹勢強。易萌生筍芽，能生長成株型勻稱的大型植株。

NP-H.Imai

NP-A.Tokue

↑ 亨利方達 Henry Fonda

❶深黃色 ❷10至12公分 ❸直立・1.4×1.0公尺
❹美國・Christensen・1995 ❺弱

黃色花色中沒有能超越此品種的玫瑰。從綻放到結束都呈現深黃色，開花性佳，早開性。生長速度平穩，枝條不易長出。對白粉病、黑點病的耐病性低。為了避免疾病發生，需努力防治，夏季時建議不要讓花開。也適合盆栽種植。

杏子糖果 Apricot Candy

❶杏色 ❷11公分 ❸直立・1.5×1.0公尺
❹法國・Meilland・2007 ❺強

杏色的大輪花，明亮的花色和葉片明亮的綠色，十分契和。刺少，作業較容易。耐病性強，耐暑性也強。

NP-S.Oizumi

藍月 Blue Moon

❶薰衣草色 ❷11公分 ❸直立・1.4×0.8公尺
❹德國・Tantau・1964 ❺普通

曾經一直都是處在紫色系玫瑰頂端的品種。若得到黑點病，耐寒性會降低，冬季時在枝幹表面會出現紅紫色斑點。要讓此品種開花的祕訣，就在於不要讓植株得病。殘花盡早剪除，不要忘記澆水。

NP-Sayaka

NP-S.Oizumi

↑ **坎地亞梅安**
Candia Meidiland

❶腥紅色‧中心白 ❷7至8公分
❸橫張‧0.7×1.2公尺 ❹法國‧Meilland‧2006 ❺極強

可以盆栽種植或栽種在花壇邊緣、斜坡等，能多方面利用的玫瑰，開花性非常好。枝條雖細，但耐病性優良，強健且容易栽培。

時尚達人 Fashionista

❶鮮紅色 ❷8公分 ❸橫張‧0.8×1.0公尺
❹英國‧Dickson‧2015 ❺極強

明亮的紅色花色，一莖多花叢開，成長徐緩。耐病性非常的強，植株能一邊開花一邊成長。即使是半日照處、樹蔭、混有砂礫的土壤等不良條件的環境也能生育。株型小型低矮，也適合盆栽種植。

NP-S.Oizumi

NP-M.Tsutsui

↑ **塞維利亞娜** La Sevillana

❶朱紅色 ❷8公分 ❸橫張‧1.0至1.5×1.0公尺
❹法國‧Meilland‧1978 ❺強

雖然從推出至今已經超過30年，但直至現在一直是有著出眾花色、開花性、高耐病性的品種之一。也適合盆栽種植。鮮紅色的半重瓣花朵。有突變品種「粉紅塞維利亞娜（Pink La Sevillana）」。

炙熱熔岩 Lavaglut

❶深紅色 ❷5公分 ❸橫張‧1.0×1.0公尺
❹德國‧Kordes‧1978 ❺普通

圓瓣，花瓣的瓣質佳，單花花期長。從還是年輕植株時就有優良的開花性，枝幹會逐年變粗，細枝條也會變多。刺稍多。也適合盆栽種植。

NP

↑ 烏拉拉 Rose Urara

❶深玫瑰紅 ❷8公分 ❸橫張・1.0×1.0公尺
❹日本・京成玫瑰園藝・1995 ❺普通

螢光的深玫瑰紅色，亮眼醒目。較為強健，有著出眾的開花性，是玫瑰花壇中不可欠缺的品種。也適合盆栽種植。有蔓性的突變品種。

岳之夢 Gaku no Yume

❶紅・花瓣背面白 ❷4至5公分 ❸橫張・1.0至1.2×1.0公尺 ❹德國・Kordes・2011 ❺極強

一莖多花的叢開性，花朵雖小但花量多，樹勢強，植株茂密到幾乎看不見地面。耐病性優良，白粉病、黑點病幾乎都不會發生。極為耐寒，也具耐暑性。也適合以大型盆栽來栽培塑型。

↑ 齊格菲 Siegfried

❶深朱紅色 ❷9至10公分 ❸直立・1.5×1.0公尺
❹德國・Kordes・2010 ❺極強

一莖上能開出一至五朵花朵。一莖多花叢開性，雖會長成大型植株，但因白粉病、黑點病幾乎不會發生，容易栽培。耐寒性、耐暑性皆強。能以大型盆栽來栽培。

↑ 吸引力 Knock Out

❶玫瑰紅 ❷8公分 ❸橫張・1.0至1.2×1.0公尺
❹法國・Meilland・2000 ❺極強

整年持續不停開花，植株能逐年成長變大。如果日照充足，就不會挑土質。耐病性、耐暑性、耐寒性都非常強，任誰都能培育的品種。枝條會逐年變粗。盆植時，即使幾年都不換土也能持續開花。

NP-M.Tsutsui

小特里阿農 Petit Trianon

❶淡粉紅色　❷9至11公分　❸橫張・1.2×1.2公尺
❹法國・Meilland・2006　❺極強

明亮粉紅色的淺杯型花朵。雖是一莖多花叢開性，但植株大型，枝條也粗，非常地強健。隨著年數，不會再萌生基部筍芽，枝條會肥大成長。

↓ 伊莉莎白女王 Queen Elizabeth

❶粉紅色　❷8公分　❸直立・1.6×0.8至1.0公尺
❹美國・Lammerts・1954　❺強

雖會出現疾病，但植株的樹勢佳，強健。枝數少，所以管理作業較輕鬆，如果能將殘花盡早剪除就會一直開。花色在日本關東以西的地區是明亮的桃色，以北會呈現深桃色。耐乾燥。對海風的耐性也強。

NP-H.Imai

NP-H.Imai

↑ 夏莉法阿斯瑪 Sharifa Asma

❶粉紅色　❷10公分　❸橫張・1.3×0.8公尺
❹英國・Austin・1989　❺強

橫張性，大輪花朵，開花性佳。成株約在高度1公尺處修剪，並盡量剪下多一點枝條。耐病性強，極為強健且容易栽培。若是盆栽種植，適合10吋以上的大型花盆。

ROSE 中·小輪

葛蕾特 Gretel

❶奶油白的底色·粉紅覆輪
❷7至8公分 ❸橫張·1.0×1.0公尺
❹德國·Kordes·2014 ❺極強

花蕾外圍為深紅色，隨著花開呈現出淡桃色，漸漸地內瓣也會轉變成紅色。耐病性強，幾乎不會得病。光滑有亮澤的漂亮葉片，和其他植物的搭配性佳。

NP-S.Oizumi

↓ 康斯坦茲莫札特 Constanze Mozart

❶淡粉紅至鮭魚粉紅 ❷8至10公分
❸橫張·1.3×1.0公尺
❹德國·Kordes·2012 ❺極強

粗大的花莖上，能開出數輪花朵。花型從半劍瓣高芯型變化成簇生型。香氣濃郁。盆植適合使用大型花盆。幾乎不會出現白粉病、黑點病。

↓ 粉月季 Old Blush

❶粉紅色 ❷5公分 ❸直立·1.0×0.8公尺
❹中國產 ❺極強

春天時會最先開花，非常古老的品種，是古典玫瑰的一種。早開性，在日本約4月中旬就會綻放。耐病性強，即使不噴灑藥劑也能成長。也適合盆栽種植，有蔓性的突變品種。

NP-S.Oizumi

NP-M.Tsutsui

NP-S.Oizumi

喀什米爾 Pashmina

❶白・中心為粉紅色　❷5公分
❸直立・1.0×0.8公尺
❹德國・Kordes・2008　❺稍強

樹型小型，低矮繁密，適合盆栽種植。圓胖的杯型花朵相當甜美可愛，葉緣有鋸齒狀，是特徵是其他品種所沒有的。雖是小型種，但強健易栽培。

↓ 冰山 Iceberg

❶白色　❷7公分　❸橫張・1.2×1.0公尺
❹德國・Kordes・1958　❺普通

一莖多花叢開性的白色玫瑰，雖已是老品種，但因強健，即使得病也不容易枯死，所以到現今依然擁有高人氣。枝葉繁茂，能形成茂密的樹型，經過數年後就不會萌生出基部筍芽。

↓ 葛拉米城堡 Glamis Castle

❶白色　❷8公分　❸直立・1.0×0.7公尺
❹英國・Austin・1992　❺普通

英國玫瑰中屬於小型且花量多的品種。雖然不易萌生筍芽但枝條壽命長。細小枝多，冬季修剪時要將植株內部交錯雜亂的枝條剪除。初春時要限制花芽數量。基部筍芽要盡早摘芯。

NP-M.Tsutsui

NP-H.Imai

ROSE 中·小輪

玫瑰花園 Garden of Roses

❶杏粉紅色 ❷7至10公分 ❸橫張・1.0×0.8公尺
❹德國・Kordes・2007 ❺極強

花瓣數多，簇生狀花型。枝幹平滑堅硬，刺少。光滑有亮澤的葉片，繁密生長。小型低矮適合盆栽種植。強健且容易栽培。

NP-H.Imai

↓ 花花公子 Playboy

❶橘色 ❷7公分
❸橫張・1.0×0.8公尺
❹英國・Cocker・1976
❺稍強

一莖多花叢開性中，屬於延伸力好的品種。枝條刺少堅硬，強健容易栽培。葉片光滑有亮澤。雖然株型會稍微變大，但適合盆植或塑型成樹玫瑰。

↓ 派特奧斯汀 Pat Austin

❶深橘色 ❷10公分
❸橫張・1.2×1.2公尺
❹英國・Austin・1995
❺普通

最大的魅力在於明亮耀眼的橘色花朵。細柔枝條上的杯型花微微朝下開花的姿態也很優美。冬季修剪時，植株中心高，外圍低。枝條壽命長，適合盆栽種植。

↓ 煙花波浪 Fireworks Ruffle

❶黃色・花瓣尖端紅色 ❷8至9公分
❸橫張・0.8至1.0×1.8公尺
❹荷蘭・Inter Plants・2014
❺稍強

有著個性花型的「Ruffle（波浪）」系列品種之一，細花瓣能讓人聯想到菊花。適合盆栽種植或塑造成樹玫瑰。要有耐心慢慢地細心栽培。

M.Usuda NP-H.Imai NP-S.Oizumi

太陽 Solero

❶檸檬黃　❷7至8公分　❸橫張・1.5×0.8公尺
❹德國・Kordes・2008　❺極強

花瓣多，簇生狀花型，開花性非常好。深綠色的葉片，光滑有亮澤，耐病性強。不太耐夏季的高溫炎熱，葉片易變黑，需避免西曬。在涼風吹拂的場所，生長會更順利。

NP-S.Oizumi

檸檬酒 Limoncello

❶深黃色　❷4公分　❸橫張・0.8×1.0公尺
❹法國・Meilland・2008　❺極強

單瓣的深黃色花，耐暑性、耐寒性皆強，從春天至深秋能持續不停開花。枝條雖細，但非常強健，幾乎不會出現疾病。適合盆栽種植。如果將枝條誘引，就能像蔓性玫瑰般延伸。

NP-M.Tanabe

T.Kawai

↑ 貝蒂娃娃 Betty Boop

❶奶油色・紅色覆輪　❷7公分　❸橫張・1.0×0.8公尺　❹美國・Carruth・1999　❺普通

半重瓣平開型花，剛開時是奶油色基底配上紅色覆輪，隨著花開變成白底紅色覆輪。枝條雖細，但強健容易栽培。適合盆栽種植或塑型成樹玫瑰。

NP-H.Imai

↑ 伊豆舞孃 Izu no Odoriko

❶黃色　❷9公分　❸直立・1.5×0.8公尺
❹法國・Meilland・2001　❺稍強

黃色玫瑰多為早開性，但此品種屬於晚開性。雖是一莖多花叢開性，但植株高，耐乾燥與高溫。圓瓣的簇生狀花型。若將殘花盡早剪除，就能重複開花好幾次。

ROSE 中·小輪

諾瓦利斯 Novalis

❶薰衣草色 ❷10公分 ❸直立・1.5×0.8公尺
❹德國・Kordes・2010 ❺極強

紫色系的品種多數不耐寒冷，但此品種有著高耐寒性，也有高耐暑性。幾乎不會出現疾病。香氣芬芳。直立的樹型，枝條堅硬，非常容易栽培。

NP-S.Oizumi

NP-H.Imai

遙遠鼓聲 Distant Drums

❶茶紫・花瓣外圍為淡桃紫色 ❷9公分
❸直立・1.2×0.8公尺公尺
❹美國・Buck・1984 ❺稍弱

獨特的花色充滿魅力，會讓人忍不住想要栽培。枝數多，春天時花量非常多，但夏天時不太耐炎熱高溫。殘花儘早剪除，夏季時不要讓花開，且在涼爽場所中管理。適合盆栽種植或塑型成樹玫瑰。

↓ 薰衣草梅安 Lavender Meidiland

❶薰衣草色 ❷5公分 ❸橫張・1.0×1.0公尺
❹法國・Meilland・2008 ❺極強

不僅適合花壇，也適合盆栽種植，也能修剪作出裝飾造型，是變化度相當高的品種。耐病性強，不會因疾病而掉葉。耐寒性、耐暑性皆強。

NP-M.Tsutsui

12個月栽培指南

將主要的作業和管理，
依照月份，詳細地作了彙整。
透過每個月的養護工作，
培育出健康植株，讓美麗花朵綻放吧！

粉紅吸引力 Blushing Knock Out

吸引力（P.20）的突變品種。

Rose

NP-M.Tsutsui

January

1月

本月的主要作業

- 基本 冬季修剪
- 基本 寒肥（地植）
- 基本 大苗的定植
- 進階 扦插（休眠枝扦插）

基本 基本的作業
進階 適合中・高級者的作業

1月的玫瑰

在冷峻冬天，雖依然可以在向陽處，看到一部分耐寒性強的品種結有花苞和花朵，但多數的品種此時正處休眠，受低溫影響，枝條變化成紅褐色。也有不少仍帶有葉片的品種，葉片變成了紅葉。一月雖然是園藝工作少的時期，但對玫瑰來說，卻是進行最重要的冬季工作，也就是「修剪」，最適合的季節。

盛開的「夏莉法阿斯瑪（Sharifa Asma）」。透過冬季修剪就能塑造出這麼美的株型。

主要的作業

基本 冬季修剪（參照P.30）

修剪枝條、整理植株等必要的作業

冬季修剪，所指的是在休眠期時修剪枝條、整理植株等作業。為了要維持植株健康，且要維持每年有安定的花量，所不可欠缺的重要工作。

雖然玫瑰不會因為沒有修剪就馬上枯死，但會因枯枝或留有殘花的枝條，而造成植株內部密集雜亂，影響通風和日照。如果放置不處理，會加速植株老化，花朵也會變弱小。因此務必要進行修剪，整理枝條。

進入2月後，玫瑰根部會開始活動。其中有部分品種的出芽時期早，請在這些芽還沒開始活動之前的1月上旬進行修剪。而多數的品種，在2月時根部和芽都會開始生長，因此，在1月中旬進行修剪。

基本 寒肥（地植）（參照P.36）

一年一次，最為重要的肥料

為地植的玫瑰施給「寒肥」。寒肥，所指的是在冬季時，以玫瑰為首，替庭院中的樹木或宿根草等植物施給肥料。主要是將肥效長的緩效性

本月的管理

- 定植後沒多久的植株要避免霜害
- 盆植要等盆土變乾再澆水 地植不需要
- 盆植不需要，地植需寒肥
- 注意介殼蟲

有機肥料埋到植株基部。對地植的玫瑰來說，這是一年一次且是最為重要的施肥，給予玫瑰一整年活動時所必須的養分（氮＝N、磷＝P、鉀－K、其他的微量元素等）。

基本 **大苗的定植、換盆**

溫暖日子的上午進行

作業後要防寒

寒冷的日子持續，雖然不是最適合作業的時期，但如果不得已需在本月中進行時，不可少的工作就是幫地植玫瑰、盆植玫瑰進行防寒。選在溫暖日子的上午進行，盆植玫瑰放置在沒有寒風吹襲的屋簷下等，地植玫瑰則利用稻草等將地表覆蓋，枝條以不織布等覆蓋。詳細請參照P.38、P.40。

進階 **扦插（休眠枝扦插）**（參照P.35）

剪下休眠枝20公分後扦插

玫瑰的扦插除了在5至6月、9至10月進行的綠枝扦插之外，還有以休眠中的枝條來扦插的「休眠枝扦插」。本月是進行休眠枝扦插的最適當時期。沒有葉片的季節，反而管理容易，而且成功率高。

管理

地植

澆水：不需要

靠近太平洋等會吹拂乾冷寒風的地區，如果一直都是晴天，請視土壤的乾燥程度，若乾燥就施給水分。

肥料：寒肥（參照P.36）

盆植

放置場所：不會結霜的場所

定植後沒多久的植株、因疾病等很早就已經掉葉的植株，需擺放在沒有寒風吹襲、不會結霜的場所。

澆水：晴天的上午

上午氣溫開始上升的9點之後進行，下午3點之後就不要澆水（盆土若處於過分潮濕的狀態，夜間可能會結凍）。

肥料：不需要

病蟲害防治：介殼蟲類

利用舊牙刷將其刷落。如果被害嚴重或株數多時，利用藥劑來驅除。

介殼蟲

基本 冬季修剪

適當時期＝1月

作業開始之前須具備的基本知識

修剪的優點

1 開出優質的好花

因為限制了芽數和枝數，所以結出適度的花量，能開出該品種應有大小的好花。

2 植株充實 易萌生筍芽

透過整理植株，並剪除老舊和弱小的枝條，植株的內部能接受到日照，植株更充實且健全生長。也能減少病蟲害的發生。此外，容易萌生基部筍芽的品種，如果有適當的肥料和水分管理，就能從植株基部長出長勢強的基部筍芽。

3 讓植株變小且低矮

將樹型已經雜亂的植株，重新塑型成小型低矮的株型。特別是修景用、地被用的玫瑰，重要目的是為了要使其維持在適合觀賞的高度。

4 調節開花時期、花量 花朵大小、花莖長短

如果想讓花朵早點開花就淺（高的位置）修。修剪的位置越深（低的位置），開花變晚，且開出的花朵小。如果想增加花量時，淺修並讓留下的枝數變多，雖然花朵會變小，但能開出很多花朵。此外，還能控制花莖（開花枝）的長度。如果不修剪，花莖會變短，若在中間處修剪，花莖會變長。

修剪的基本

❶ 修剪去年春天開過花的花莖（開花枝）
❷ 所有的枝條都要修剪到
❸ 枯枝・弱小枝從枝條的基部剪除
❹ 粗枝・硬枝要淺修，細枝・軟枝要深剪
❺ 使用銳利的修剪用剪刀。粗枝利用鋸齒細的鋸子
❻ 將葉片全數拔除（為了不傷到芽，抓住葉柄後往下拔除）

修剪前的中輪品種。枝條交錯，姿態雜亂不漂亮。

修剪後，枝條修整完成。

將去年春天開過花的枝條，留下2至3節（約10公分），其餘剪除。大輪品種約在樹高1/2處修剪，中・小輪品種約在樹高2/3至1/2處修剪。

株型大，大輪的品種

大約在樹高1/2處修剪。如果1/2的位置上沒有去年春天開過花的花莖（開花枝），就改為在前年春天開過花的枝條上修剪。

將去年春天開過花的枝條留下2至3節（約10公分），其餘剪除。

½

10公分

基部筍芽

老舊枝條

枯枝・弱小枝從枝條基部剪除

※基部筍芽的修剪請參照P.33

枝條的剪法

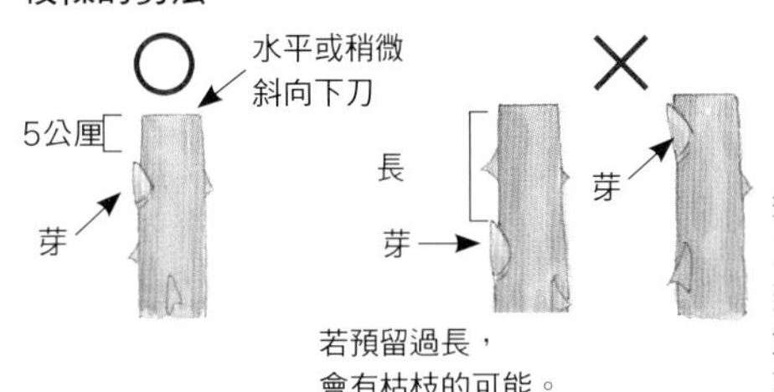

若預留過長，會有枯枝的可能。

若在芽的邊緣下刀，可能會傷害到芽。此外，太勉強修剪，枝條可能會縱向裂開。

外芽&內芽

從植株的中心來看，若朝向外側的芽稱為外芽，朝向植株內側的芽稱為內芽。盆植或直立性的玫瑰，大多選在外芽上修剪。橫張性的植株，若枝葉過分向外擴張，也可選擇在內芽上修剪。

基本 冬季修剪

適當時期＝1月

約在樹高1/2至2/3的位置上修剪。

株型中等，中・小輪的品種

約在樹高1/2至2/3的位置上，將去年春天開過花的枝條進行修剪。

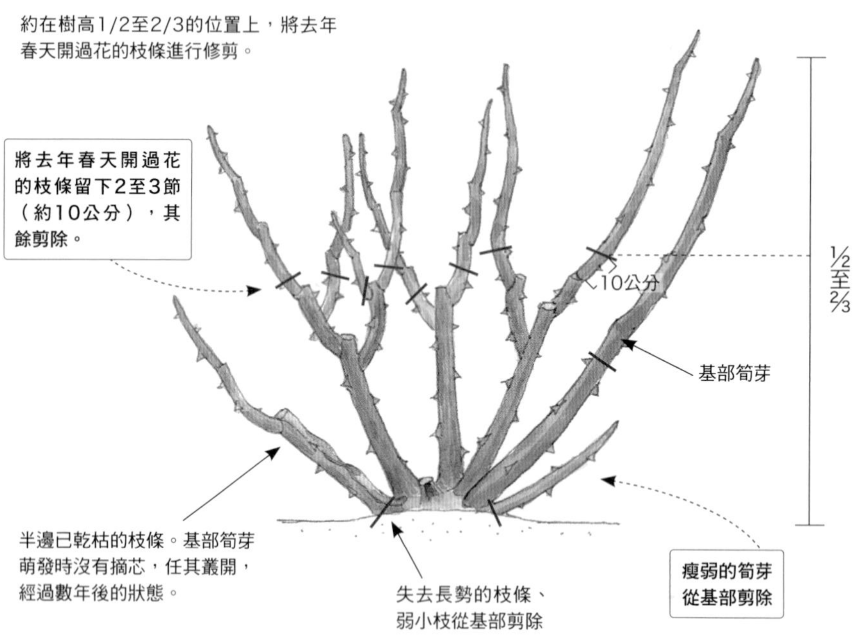

將去年春天開過花的枝條留下2至3節（約10公分），其餘剪除。
10公分
½至⅔
基部筍芽
半邊已乾枯的枝條。基部筍芽萌發時沒有摘芯，任其叢開，經過數年後的狀態。
失去長勢的枝條、弱小枝從基部剪除
瘦弱的筍芽從基部剪除

※基部筍芽的修剪請參照P.33

Column

定植後的第一至第二年，不需要修剪

定植才一至二年的幼苗，在生長到成株之前不刻意修剪也沒有關係。為了要讓植株能早日變大，讓枝條維持伸展的狀態，就能早日茁壯。成株（成熟的植株）指的是定植後約經過三年的玫瑰，以一般品種來說，樹高約1.2至1.5公尺，植株寬幅約0.8至1.0公尺。最初的基部筍芽（從植株基部萌生的新枝條），約生長到直徑約2公分。將枯枝剪除，基部筍芽約1公尺高的位置上修剪（參照P.33），其餘的枝條則不須修剪，全部留下。

基本 冬季修剪（基部筍芽的修剪）

第二年約在高度1公尺處修剪，第三年以後約在高度80公分處修剪。

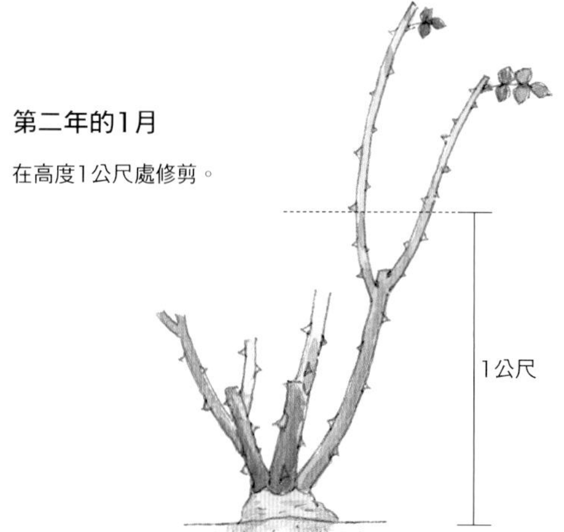

第二年的1月
在高度1公尺處修剪。
1公尺

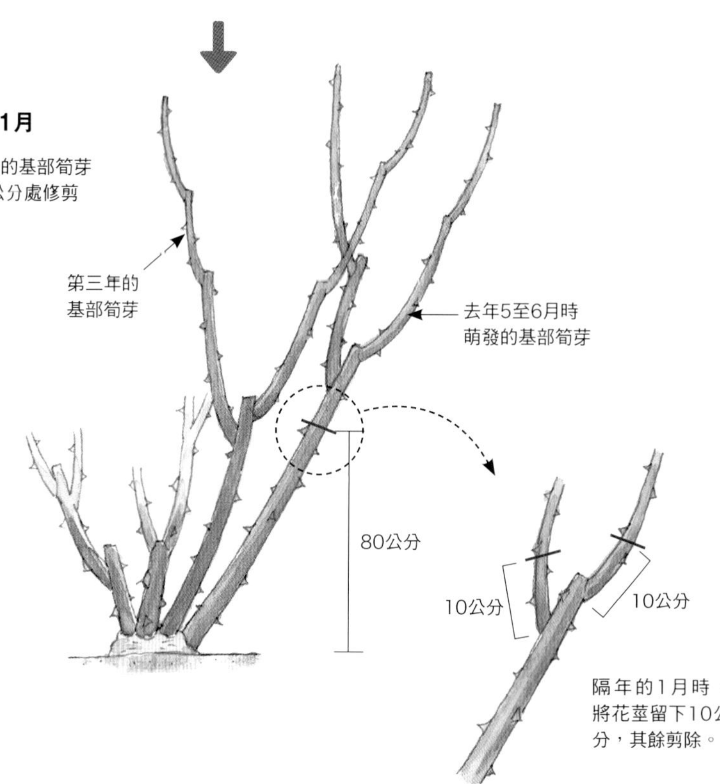

基本 冬季修剪（盆栽種植的植株）

大輪品種第三年的植株進行修剪。

準備的資材

修剪用剪刀

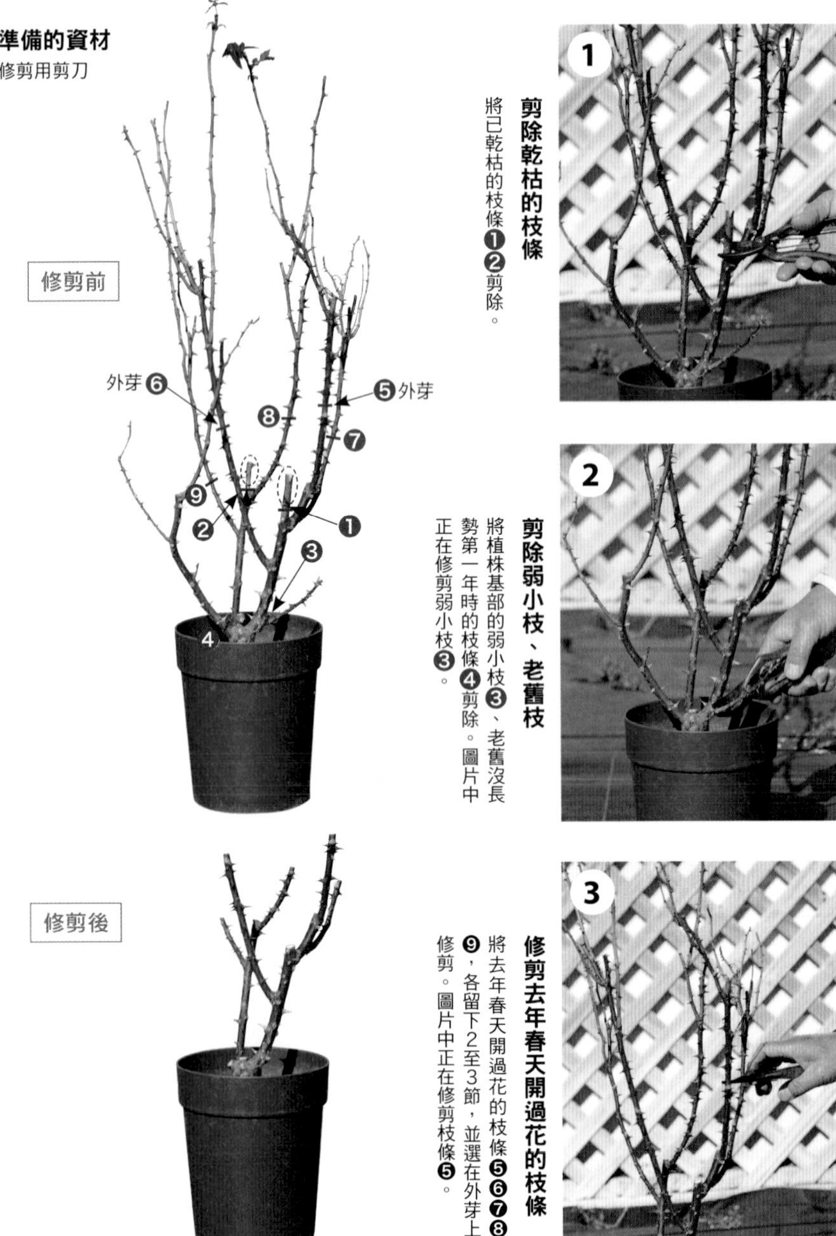

剪除乾枯的枝條

將已乾枯的枝條❶❷剪除。

剪除弱小枝、老舊枝

將植株基部的弱小枝❸、老舊沒長勢第一年時的枝條❹剪除。圖片中正在修剪弱小枝❸。

修剪去年春天開過花的枝條

將去年春天開過花的枝條❺❻❼❽❾，各留下2至3節，並選在外芽上修剪。圖片中正在修剪枝條❺。

NP-A.Tokue

進階 扦插（休眠枝扦插）　適當時期＝1月下旬至2月中旬

準備的資材

插穗＝休眠枝（去年延伸，且直徑0.5至0.7公分的枝條，較易發根。剪下約20公分長，不需太在意芽點數量）、8吋盆、土壤。
＊泥炭土酸性未經調整。

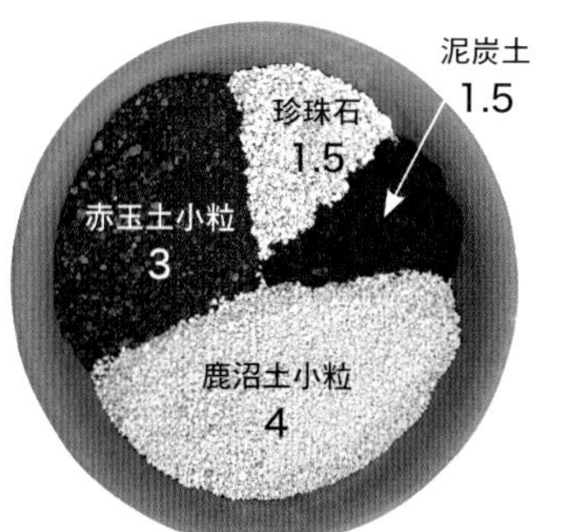

扦插用土

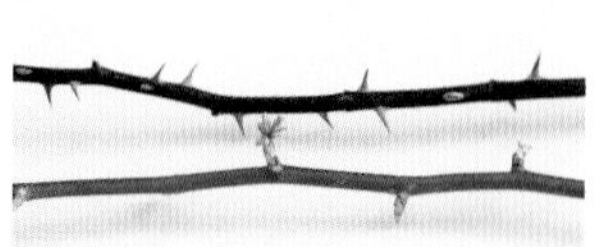

上方是較適合扦插用的枝條。下方枝條的新芽已經冒出，不適合用來扦插。因為在發根之前枝條的養分已被用在新芽的生長。

1

準備20公分長，使其吸水一個晚上

將插穗都修整成長度20公分，浸泡在水中一個晚上，使其充分吸水。

2

插入約10公分

在事前準備好的花盆中放入土壤，將插穗插入約10公分，並立上標示牌。

3

充分澆水

充分澆水，直到帶粉狀土壤的水從盆底排出為止。

作業後的管理

放置在住家東側的牆壁旁或屋簷下等。土壤變乾後澆水，但要注意不要使土壤過分潮濕。此外，絕對不可去觸動插穗。和綠枝扦插相比，管理輕鬆且成功率高。5月時候會發根，可以移植。順便一提，在1至2月扦插，雖然2月左右芽就會活動，但根部的生長會是在5月。

＊依據「植物品種及種苗法」的規定，已完成品種登錄的玫瑰，扦插後的植株除了個人欣賞用途外，不得讓渡、販賣給他人。

基本 施給寒肥（地植）

適當時期＝11月至12月

準備的資材（每一株成株）

❶油粕200公克
❷骨粉200公克
❸熔成磷肥200公克
❹堆肥5公升

定植第二年以後的植株施給寒肥

＊嬌小的植株、因為生育不良所以沒有活力的植株，施給原肥料用量的½至⅓。

＊如果植株四周的土壤變硬，可挖出直徑和深度皆為約40公分大的坑洞，並將挖出的土弄鬆軟。如此一來不僅可讓排水變好，也能幫助根部呼吸，有助於生長。

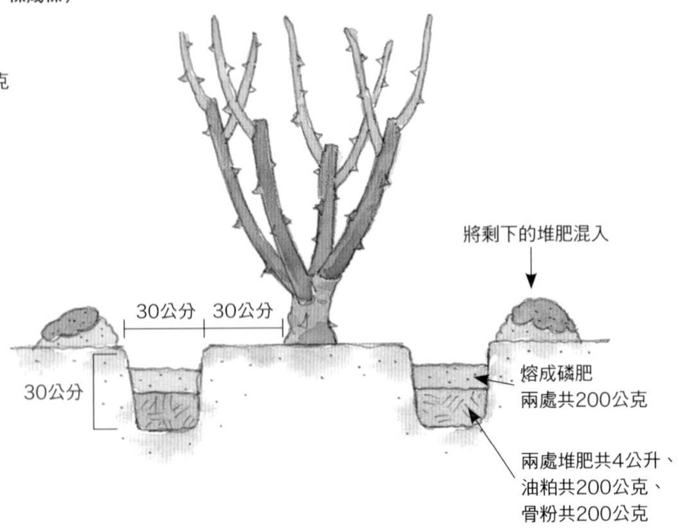

無法挖鑿施肥用的坑洞時

如果玫瑰的四周種有其他植物，無法挖洞時，可將市售的發酵有機肥100公克和堆肥5公升混合攪拌後，覆蓋在植株基部的土表。

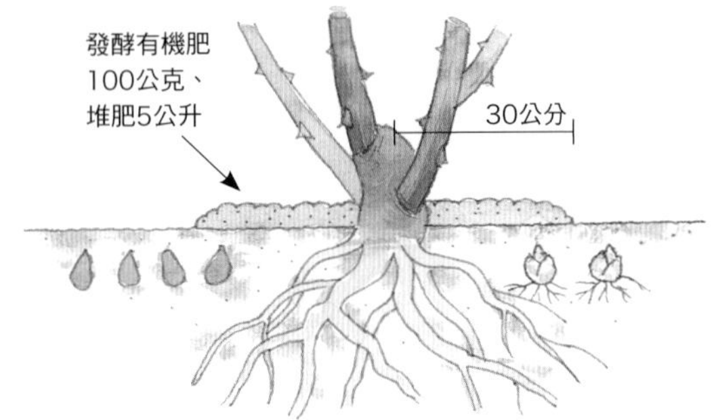

挖鑿坑洞

在離植株基部約30公分處，挖出直徑、深度皆為30公分的坑洞，共兩處。

加入堆肥、肥料

在每個坑洞中放入堆肥約2公升、油粕和骨粉各100公克。

以鏟子充分攪拌均勻

將坑底的土和放入的堆肥、肥料，以鏟子充分攪拌均勻。

加入熔成磷肥

每個坑洞內放入各100公克。熔成磷肥可因根部或土壤微生物所釋放的有機酸而分解，因此要放在根部附近、坑洞的上層。

挖出的土壤也要混入堆肥

將剩下的堆肥加進挖出的土壤中，並充分攪拌均勻。

將挖出的土壤填回坑洞中

將混入堆肥後的土壤，填回坑內，並輕輕按壓。

February

2月

基本 基本的作業

進階 適合中・高級者的作業

本月的主要作業

- 基本 大苗的定植・移植
- 基本 換盆（換土）
- 基本 寒肥（地植）
- 進階 扦插（休眠枝扦插）
- 進階 嫁接

2月的玫瑰

立春時天氣依然寒冷，大多數的植物仍在休眠中。玫瑰雖然表面看來像是在休眠，但其實在土壤中，根部已經開始活動，為了春天在作準備。若尚未在上個月完成修剪，請火速進行修剪。本月是大苗的定植、移植、換盆等最適當的時期。如果已經冒芽並伸展出來時，請依照P.44的要領，將側芽摘除。

四季開花性的中輪品種「雪拉莎德（Sheherazad）」。本月至3月上旬所進行的「換盆」（更換新的盆土），是讓植株的生長更為順利的要訣。

主要的作業

基本 大苗的定植、移植

最適合定植、移植的時期

大苗約從深秋開始會在市面上流通，但一般來說，最適合定植的時期是根部開始活動的2月中旬至3月上旬。依照下圖的要點來進行定植。關於定植的詳細步驟會在4月（P.52）中介紹。

大苗的定植方法

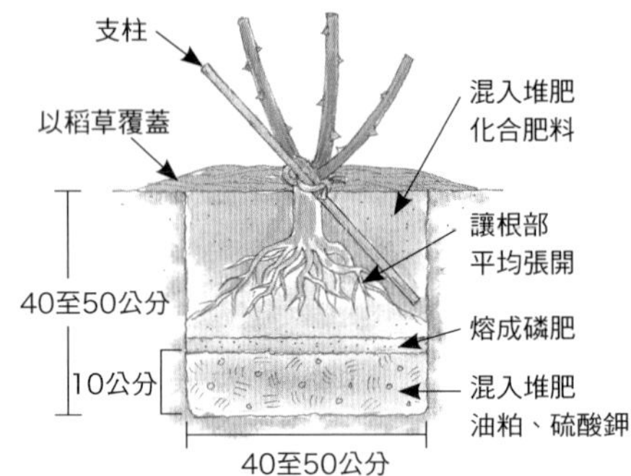

基本 換盆（參照P.40）

替盆植玫瑰移植進新的土壤

換盆，指的是將幫盆植的玫瑰進行移植。將已經劣化的土壤換新，提升植株的活力。一般而言約2至3年一次，依照P.40的要領進行移植。多數的作法是更換成大一點的花盆，去

本月的管理

- 定植後沒多久的植株要避免霜害
- 盆植要等盆土變乾再澆水地植不需要
- 盆植不需要，地植需寒肥

除部分老舊土壤，並以新的土壤來種植。若是長年栽培的植株，將植株從花盆中拔出，去除根團周圍的土壤約2成後，放回原本的花盆中，並在周圍加入新土。為了要讓土壤能確實填滿空隙，利用竹筷等一邊插動一邊添加土壤。

基本 寒肥

若上個月未施肥，在上旬前完成

如果上個月沒有幫地植的植株施加寒肥，請盡早處理，最慢在本月上旬完成（參照P.36）。

進階 扦插（休眠枝扦插）

將休眠枝剪成長度20公分後扦插

延續上個月，進行「休眠枝扦插」，但最慢要在本月上旬完成（參照P.35）。

進階 嫁接（參照P.41）

將接穗接到野薔薇的砧木上

專業人士繁殖玫瑰的作法之一，將欲繁殖的品種嫁接到野薔薇（Rosa multiflora）砧木上。冬季時所進行的嫁接是將接穗切接至砧木，稱為「切接」的方式。只要細心地處理，即使是初學者也能有高成功率，不妨試著挑戰看看。

管理

地植

澆水：**不需要**

比照1月的作法。

肥料：**寒肥**（若1月未施肥，在本月上旬前完成。參照P.36）

盆植

放置場所：**不會結霜的場所**

定植後沒多久的植株、因疾病等很早就已經掉葉的植株，需擺放在沒有寒風吹襲、不會結霜的場所。

澆水：**晴天的上午**

上午氣溫開始上升的9點之後進行，下午3點之後就不要澆水（盆土若處於過分潮濕的狀態，夜間可能會結凍）。

肥料：**不需要**

病蟲害防治：**不需要**

但如果上個月沒有進行介殼蟲的驅除工作，請盡早進行，一邊注意不要傷害到芽，一邊以舊牙刷等將其刷落。如果被害嚴重，雖可以利用藥劑來驅除，但因為會使芽受損，所以已經冒芽的植株不可噴藥。

基本 換盆（換土）

適當時期＝11月至1月

盆植玫瑰約2至3年進行一次，更換新的花盆和土壤。

準備的資材

欲換盆的植株
大2吋的花盆
盆底石
土壤（參照P.10）。

1 將植株從花盆中拔出

將植株從花盆中拔出後，觀察根部的延展狀態。若是健康的植株，根部會多且密實。

2 去除根團上約兩成的舊土

利用根耙，將根團周圍的根部和土壤弄鬆後，去掉約兩成的舊土。

3 移植到新的花盆中

將適量的盆底石、土壤放入事前準備的花盆中，並置入植株。

4 加入土壤

在根團的周圍加入土壤。利用竹筷輕戳土壤，使土壤確實填滿根部間的空隙。

5 施給大量的水後即完成

如果尚未完成修剪，可在此時進行。利用不織布等替植株防寒，放置在不會結霜的屋簷下等場所。

NP-S.Oizumi

進階 嫁接（切接法）

適當時期＝1月至3月上旬

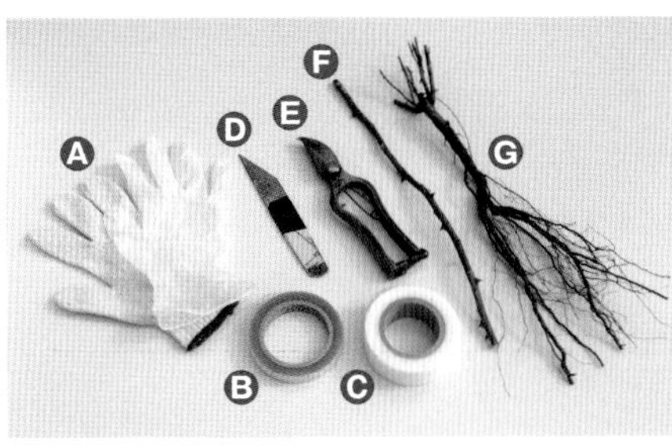

準備的資材

Ⓐ手套（握刀手用的薄手套、另一隻手使用的工作手套）
Ⓑ嫁接膠帶ⓐ（用來固定接合部分）
Ⓒ嫁接膠帶ⓑ（用來包覆接穗，具通氣性和伸縮性的膠帶）
Ⓓ切接刀
Ⓔ剪用剪刀
Ⓕ接穗
Ⓖ砧木

※接穗，要使用直徑約0.7公分寬，硬且結實的枝條。

① 準備砧木

先將用來作砧木的植株，如同圖片般將上半部和根部切除。

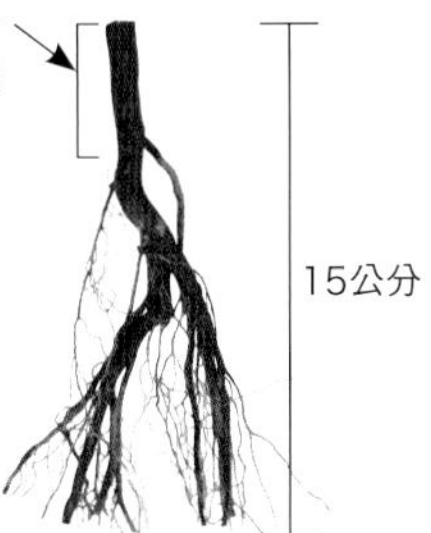

② 修整砧木

依照右圖❶❷的要領下刀。

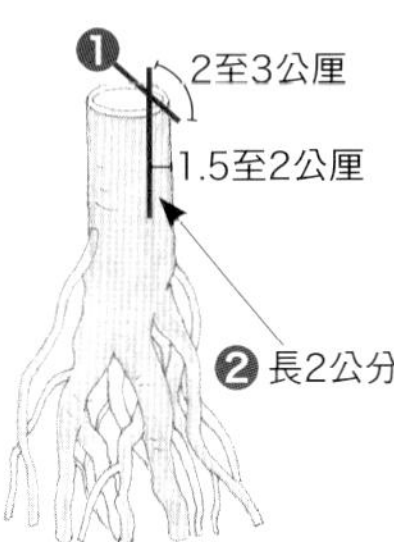

③ 修整接穗

將接穗上的刺切除，取約5公分的長度，上面要留一至兩個芽。依照右圖❶❷的要領下刀。

❷不可深挖，要薄且直直地向下削掉。

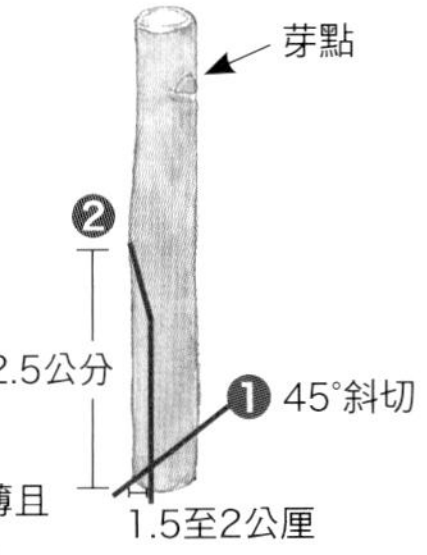

④ 將接穗插入砧木

將接穗插入砧木的切口處。重點在於要讓兩者的形成層相互接合（讓接穗的形成層與砧木左或右任一邊的形成層對齊）。

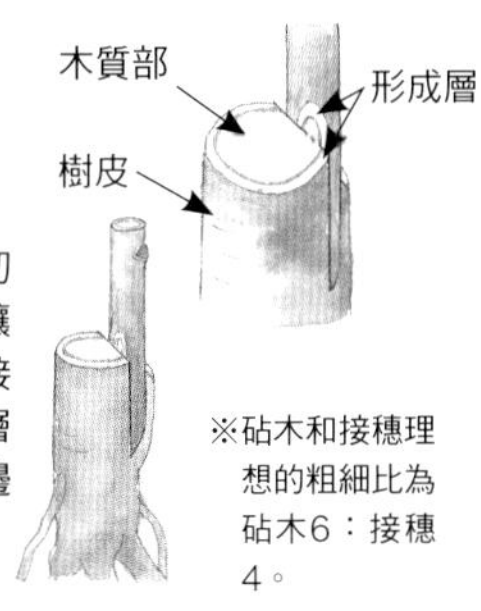

※砧木和接穗理想的粗細比為砧木6：接穗4。

⑤ 以嫁接膠帶固定

嫁接膠帶ⓐ的一端先預留5至6公分長，將接穗和砧木接合的部分以膠帶確實地纏繞數圈後，將膠帶兩端打結固定。接著以有通氣性和伸縮性的嫁接膠帶ⓑ將接穗包捲起來。

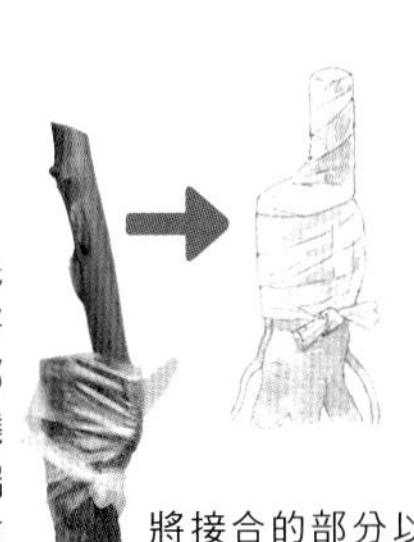

將接合的部分以嫁接膠帶ⓐ確實地打結固定。

作業後的管理：不要過分潮濕

先暫時種植於裝有小粒赤玉土或紅土的7吋盆中。為了保溫及防寒，在嫁接苗上以5吋盆（深綠色）覆蓋住。放置在玄關等沒有人工加溫的室內。嫁接過的苗若過於潮濕，不易出芽或生根，因此需在維持稍微乾燥的狀態下管理。芽若開始延伸，就可將5吋盆拿掉。當葉片長到有4至5片時，就可移植到5吋的深型花盆中（約兩個月後）。

March

3月

本月的主要作業

- 基本 大苗的定植，在上旬要完成
- 基本 換盆（換土），在上旬要完成
- 基本 摘側芽
- 進階 嫁接，在上旬要完成

基本 基本的作業

進階 適合中・高級者的作業

3月的玫瑰

氣溫一天比一天溫暖，植物冒出新芽。幾乎所有的玫瑰品種也會在上旬冒出芽來，有些快的品種到了下旬葉片就會展開。在這個時期，意外地有許多作業需要進行。盆植的玫瑰當芽生長到1公分長時，開始進行盆面置肥。如果葉片展開，就需要注意病蟲害。每天仔細觀察玫瑰的生育狀況，適時適度的進行管理作業。

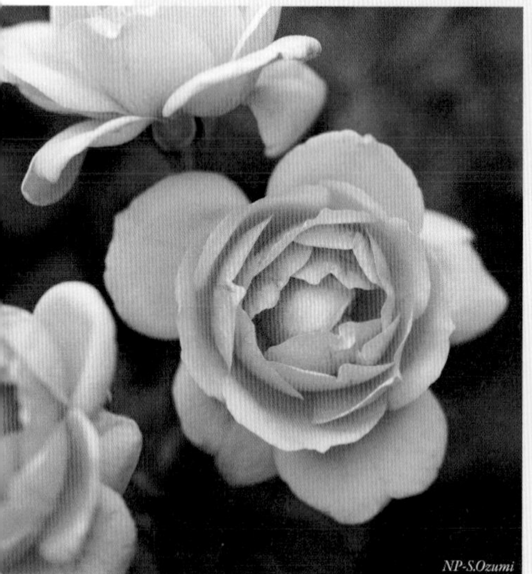

甜美可愛的花朵成叢綻放，有著傑出高耐病性的「小特里阿農（Petit Trianon）」。

主要的作業

基本 大苗的定植、移植

在3月上旬要完成

雖然仍可進行大苗的定植（參照P.38）和移植，但要盡快作業，最慢在3月上旬要完成。

基本 換盆（參照P.40）

更換新的土壤，作業要在上旬進行

將盆植的玫瑰進行移植。將已經劣化的土壤換新，提升植株的活力。一般而言約2至3年進行一次。上旬為止最為適宜。

基本 摘側芽（參照P.44）

如果有兩個芽伸展出來
將長勢弱的芽拔除

玫瑰在一節點上會有三個芽，多半是正中央的芽會伸展。有時會因修剪後的低溫，使中間的主芽停止生長，而讓左右兩側的芽（側芽）伸展出來。此時，將其中一個芽拔除。

進階 嫁接（參照P.41）

到本月上旬為止可以進行嫁接

可以利用野薔薇作為砧木，嫁接上喜歡的品種。依照P.41的要領試著挑戰看看吧！

本月的管理

- 擺放到日照充足的場所
- 盆植、地植若變乾就要澆水
- 盆植要盆面置肥，地植不需要
- 注意病蟲害的發生

管理

地植

澆水：變乾後在植株基部澆水

如果一直都是晴天，土壤變乾燥，就需要在植株基部施給充足的水。因為正是芽生長的時期，吸水量多，千萬不可缺水。

肥料：不需要（若1月未施肥，在本月上旬前完成。參照P.36）

其他❶：拆掉防寒用的不織布

當芽生長到1公分長，即可將原本覆蓋住的不織布拆掉。

其他❷：除草

隨著氣溫上升，繁縷、薺菜、早熟禾等雜草會開始長出來。如看到這些雜草，要馬上拔除。

盆植

放置場所：

日照充足且通風良好的場所

下雨天時將盆栽移動至屋簷下等，避開雨水就能減少疾病的發生。

澆水：開始要變乾時，施給充足的水

因為是芽生長的時期，要避免乾燥，當盆土表面開始變乾後，在上午施給充足的水分。

肥料：當芽生長到1公分長開始進行盆面置肥

將發酵油粕製成的顆粒狀肥料等有機固體肥料，每個月一次放置在盆面的邊緣。若是大拇指第一節大小的肥料，6吋盆約放置兩顆，8至10吋盆約放置三顆。

病蟲害防治：蚜蟲、捲葉蛾、灰黴病、白粉病、露菌病

進入3月後，因為芽開始生長，葉片也陸續展開，就會有病蟲害的發生。從上旬開始出現灰黴病，下旬開始出現白粉病、露菌病等疾病。而害蟲，則是會在新芽上出現蚜蟲、捲葉蛾的幼蟲。等葉片展開後，在本月的下旬進行一次藥劑的噴灑。若是耐病性「弱」或「普通」的品種，噴灑兩次較為安心。如果在去年曾出現過黑點病的植株或庭院，也別忘記要噴灑殺菌劑。此外，在氣溫低的清晨進行藥劑散布，有誘發露菌病發生的可能性。

將有機質的固體肥料放置在盆面邊緣。

基本 摘側芽

適當時期＝1月至2月

將同一節點上的兩個芽的其中之一摘除。同時整理植株內相互交錯的芽。

同時長出兩個芽的枝條。需「摘側芽」，摘除其中一芽。

朝向植株內部的芽或相互交錯的芽，也依照摘側芽的要領摘除，整理植株。

如何減少病蟲害

玫瑰的栽培工作中最為重要的就是病蟲害的防治。在適當的時期進行適當的防治工作雖然重要，但如果能讓栽培的環境更為完善，並在發生的初期就盡速處理，就能大幅減少病蟲害的發生。

為了預防而整頓栽培環境
日照充足、通風良好的場所

想要減少疾病和害蟲，首先重要的就是整頓栽培的環境。盆栽擺放的位置或種植的場所要選擇日照充足以及通風良好的環境。若是地植，要將土壤改良成排水性佳的土壤，拉開植株與植株間的距離，不施給過量的肥料……留意這些細節讓玫瑰能健全生長。肥料如果過量，會培育出軟弱的植株，就容易受到病蟲害的入侵。

玫瑰喜歡日照充足且通風良好的場所。避免密植，拉開植株間的距離，也是減少病蟲害的一個訣竅。

選擇耐病性強的品種 選擇耐病性品種來對付難纏的疾病

最近的品種有很多都具優良的耐病性。其中也有就算不用農藥也能生育的強健品種。挑選品種時，首先請先確認耐病性，盡可能選擇耐病性強的品種。

重點在於早期發現 善用簡便的手動噴霧型藥劑

病蟲害的防治，能否早期發現是很重要的。當受損狀況還算輕微時，以少量的藥劑就能加以控制。特別是像黑點病等疾病，只有一出現些微的病症，馬上就會蔓延。所以，進入到3月下旬後，請每天觀察玫瑰，早期發現就盡速進行防治工作。尤其是梅雨季節，下雨過後容易急速擴散，因此要讓盆植玫瑰盡量不要淋雨，地植的玫瑰在雨後進行藥劑的散布。

近年來手動噴霧型的殺蟲殺菌劑增多。早期發現或植株數量少時，相當便利。

庭院中的其他植物也要注意病蟲害

多數的病蟲害並非只會侵害玫瑰。因為和周圍的植物有很多共通的病蟲害，所以如果是栽種有許多植物的庭院，也要同時注意周圍植物的病蟲害，和玫瑰一起進行防治工作。會給玫瑰帶來致命傷的斑星天牛的幼蟲等，常會在楓屬植物中發生，因此有楓屬植物的庭院，要特別留意星天牛類。

※病蟲害及其防治法請參照P.78。

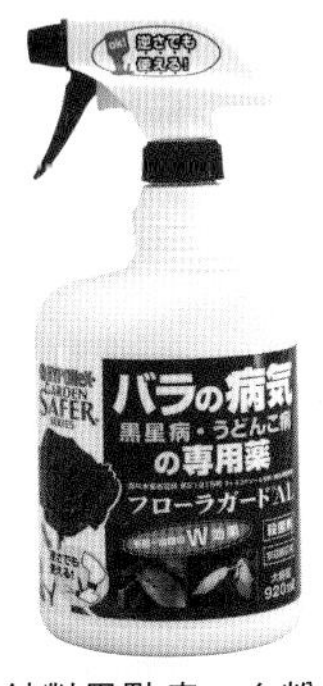

針對黑點病、白粉病的手動噴霧型藥劑

同時針對疾病和害蟲的手動噴霧型藥劑

右上／若是發生初期，只要以手動噴霧型的藥劑噴灑一次即可防治。
右下／從葉片下方也能輕鬆噴灑。

4月

本月的主要作業

- 基本 新苗的定植
- 基本 花期調節
- 基本 開花後修剪
- 進階 新苗的摘蕾

基本 基本的作業
進階 適合中・高級者的作業

4月的玫瑰

綠色一天一天漸漸變深，氣溫也上升了。「粉月季（Old Blush）」等早開性的玫瑰開始綻放，其他多數的品種也可以開始看到小小的花苞。從本月開始新苗會在市面上流通。

努力觀察，早期發現病蟲害，並進行花期調節，延長花朵觀賞期。此外，仔細觀察培育的玫瑰，了解該品種的生長特性，可作為日後栽培管理上的參考。

從4月開始盛開的「粉月季（Old Blush）」。若是在溫暖地區，冬天也不會落葉。

主要的作業

基本 新苗的定植（參照P.50）

嫁接第一年的新苗從本月開始流通

可以進行新苗的定植。

基本 花期調節

摘除部分花苞，延長觀賞期

花期調節，所指的是將一部分的花苞摘除，調節開花期。此項作業並非只針對生長旺盛的植株，年輕的植株、長勢變弱的植株也一樣進行。將結有花苞的嫩枝前端以手指摘除，進行「摘蕾」，若是稍微長較硬的枝條也可以剪刀剪除。將結有很多花苞的健康植株，摘除約兩成的花苞。被摘掉花苞的枝條會再次結出花苞，約一星期後會開花。花期調節，也可以減少植株的體力消耗。而年輕的植株和變弱的植株，若不讓花開，能促進葉片的生長。葉片和枝條若能增加，生長會變快，變弱的植株能有活力。而且透過摘花苞，也能促進植株基部長出基部筍芽。

開花期時的重要工作
就是開花後修剪。

結滿花苞，已經快要開花的植株。如果調節花期，就能延長觀賞的時間。

為了調節花期，摘下結有花苞的嫩枝前端。

基本 開花後修剪（參照P.49）

花朵如果快要開完，馬上剪除

四季開花性的玫瑰，為了要讓下一次的花朵接著開花，所以在快開完時，將殘花剪除。如果放任不管，子房會膨脹、結種，不僅消耗植株體力，枝條變硬，且會延後下次開花的時間。有時甚至還會進入休眠，或從多處長出枝條等。也可能會導致在進行秋季修剪時，不知道該剪哪裡而煩惱。

進階 新苗的摘蕾

將花苞摘除，讓植株早日變大

新苗指的是在夏季芽接、冬季切接，從春天開始販賣的幼苗。若使其開花，會消耗植株體力，很難長大。因此，為了要讓植株早日成長變大，進行「摘蕾」，以手指將花苞摘除。如果不小心讓花打開，只將花朵部分摘除。此摘蕾工作要持續到初秋，到秋花時再使其綻放。

新苗的花如果打開，從花梗處摘除，如果花苞變膨大，可像圖片般將花苞摘除。

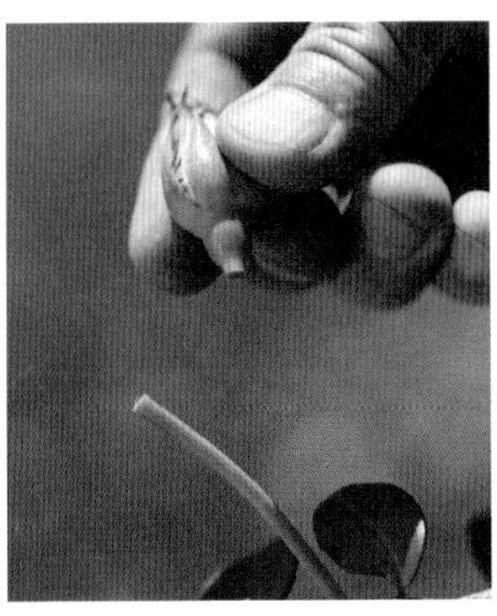

本月的管理

- 擺放到日照充足的場所
- 盆植、地植若變乾就要澆水
- 盆植要盆面置肥，地植不需要
- 進行病蟲害的防治

管理

地植

澆水：**變乾後在植株基部澆水**

如果一直都是晴天，土壤變乾燥後，在植株基部施給充足的水。

肥料：**不需要**

其他❶：**除草**

若發現繁縷、葛菜、早熟禾、碎米薺等雜草，馬上拔除。

其他❷：**勿讓植株基部的土變硬**

進行花期調節或除草等，需要在植株周圍走動時，盡量不要踩踏植株周圍半徑50公尺以內的土。

盆植

放置場所：

日照充足且通風良好的場所

下雨天時將盆栽移動至屋簷下等，避開雨水就能減少疾病的發生。

澆水：**開始要變乾時，施給充足的水**

每天觀察盆土的乾燥狀態，開始變乾後施給充足的水，並澆到餘水從盆底流出為止。氣溫高且易乾燥的晴天，不僅6至7吋盆，有時連8吋盆都需要一天澆水兩次。水分不足會導致長出不結花苞的盲芽枝。

肥料：**盆面置肥**

將發酵油粕製成的顆粒狀肥料等有機固體肥料，每個月一次放置在盆面的邊緣。若是大拇指第一節大小的肥料，6吋盆約放置兩顆，8至10吋盆約放置三顆。

病蟲害防治：**蚜蟲、捲葉蛾的幼蟲、玫瑰黑小象鼻蟲、灰黴病、黑點病、白粉病、露菌病**

氣溫上升，會出現各式各樣的病蟲害（參照P.78）。

基本 開花後修剪

適當時期＝1月至12月

從花莖（開花枝）的一半處將殘花剪除。花莖長的品種要深剪。

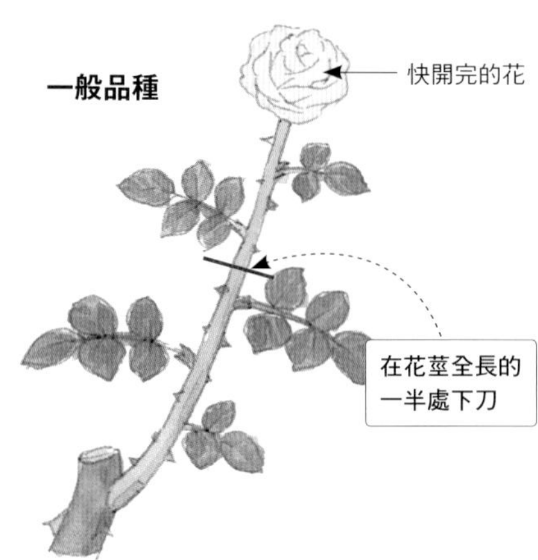

一般的品種約在花莖的中間部位進行修剪。下方一定要留下葉片。如果因疾病等造成下方的葉片已經掉落，有時會選擇只剪除花朵。

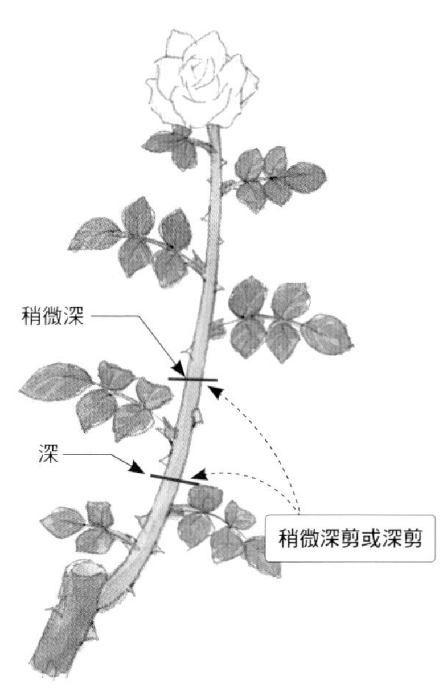

耐病性強的品種等，且花莖有延伸力的品種，要稍微深剪或深剪。

在花莖全長的一半處下刀。

較適合深剪的品種

活力（Alive）、伯爵夫人黛安娜（Gräfin Diana）、福音（Gospel）、貝弗莉（Beverly）、頑皮豹（Pink Panther）、摩納哥夏琳王妃（Princess Charlène de Monaco）、我的花園（My Garden）、瑠衣的眼淚（Rui no Namida）等

基本 新苗的定植

適當時期＝4至6月

盆植

準備的資材

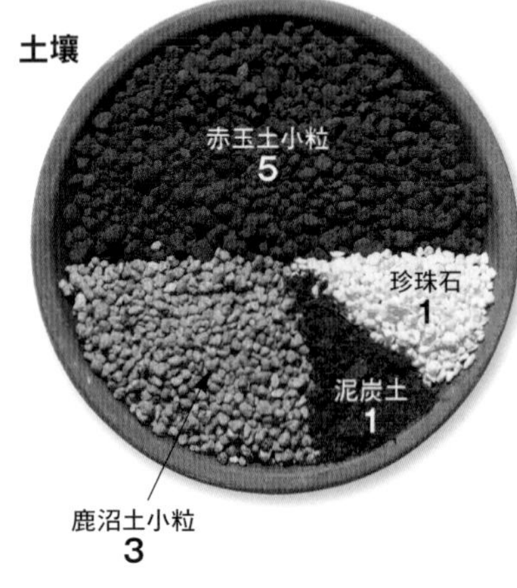

盆底石（赤玉土大粒）

赤玉土中粒

新苗的植株
（切接的嫁接苗）

＊尚需6吋盆（樹脂製）。
＊泥炭土使用酸性未經調整者。乾燥的泥炭土，水分不易滲入，因此建議事前先將其弄濕。
＊土壤中不加基肥。盆植玫瑰基本上以盆面置肥為主。

Column

挑選新苗的訣竅

新苗從4月開始到夏天為止，會在市面上流通，多為一枝伸長的枝條，帶有花苞或是開有花朵。先來記住如何挑選出優良新苗的方法。

1 節間沒有徒長，枝條伸展的狀態恰如該品種的性質。
2 葉色佳，長有許多葉片。
3 沒有病蟲害的痕跡。
4 砧木的粗細約1公分，有長勢。
5 2月時進行移植的植株為佳。如果太慢移植，若是芽接苗，枝條會細，若是切接的苗，葉片會少，而且上半部多被剪切過。
6 如果在4月上旬時植株的長度已超過30公分，多半是有經過人工加溫，因此要特別留意低溫和霜害。
7 植株上有品種名的標籤。標籤上有標示種苗公司名。

1

放入盆底石，再以中粒赤玉土填補盆底石間的空隙

放入盆底石約2公分厚，再加入少量的中粒赤玉土，用來填補盆底石顆粒間的空隙。

2

將植株置入，要小心不要破壞根團

在盆底放入適量的土壤，調整土量讓植株的嫁接口剛好在比盆緣低2公分的位置上。置入植株，小心勿讓根團崩落。

3

加入土壤，勿讓根部外露

在根團的周圍加入土壤，直到覆蓋住嫁接口下方的根部為止。澆水後土壤會下沉，所以加入多一點的土。

4

澆水讓粉狀土壤排出

施給大量的水，直到盆底流出的餘水變透明為止，排掉粉狀的土壤。

作業後的管理

擺放在日照充足的場所，盆土表面變乾燥後施給充足的水（夏季時要在早晚較為涼爽的時間進行）。如果盆栽是放置在庭院，為了要防止根部穿出盆底伸進土壤中，不要將盆栽直接放在土上，而是擺放在磚塊等的上方。

加入適量土壤，不要覆蓋住嫁接口。

定植後的新苗。當根部生長後，將支柱拔除。

基本 新苗的定植

適當時期－4至6月

地植

種植在日照充足的場所

種植的位置要選擇有充足日照、良好通風，而且排水性佳的場所。以前曾經種植過玫瑰的場所，會出現連作障礙（種植在之前曾種過同種類或近緣植物的場所，會出現生育不良的狀況），所以要避開。如果沒有其他場所，可利用客土（將原本的土更換成乾淨的紅土等）來改善。

準備的資材

植株、土壤改良材和肥料（完熟堆肥2公升、油粕200公克、熔成磷肥200公克、硫酸鉀100公克、化合肥料〈N-P-K=10-12-8等〉一把）、覆蓋土表用的稻草（市售品）、支柱。

熔成磷肥（緩慢釋放肥效的磷酸肥料，有調節酸度的作用）

硫酸鉀（有速效性的鉀肥）

新苗的定植

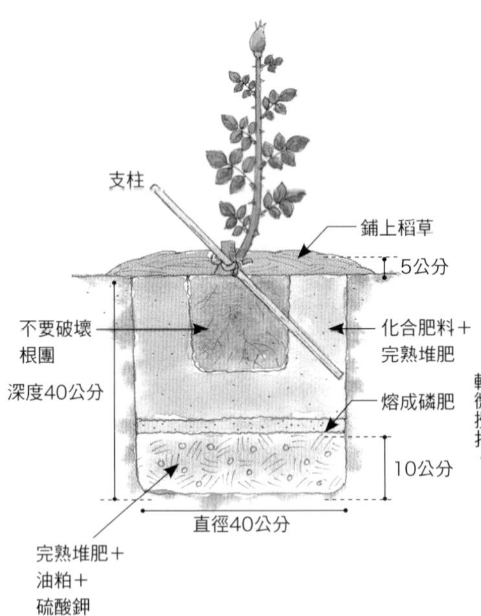

1 挖鑿出植穴，加入堆肥、油粕、硫酸鉀

加入7至8成的堆肥、油粕、硫酸鉀，以鏟子與坑底的土攪拌均勻。

2 撒入熔成磷肥

熔成磷肥不溶於水，而是因根部釋放的有機酸而分解。因為想放在接近根部處，所以撒在上層。撒入後輕微攪拌。

置入植株，嫁接口會稍微被埋住的高度

定植後因為土壤會下沉，所以置入植株時，讓嫁接口位於稍微會被土埋住的高度。要小心勿破壞根團。

在挖出的土壤中混入肥料和堆肥，填入根團周圍

在挖出的土壤中加入一把化合肥料和剩餘的堆肥，攪拌後將土壤填入根團的周圍。

豎立支柱

為了不讓植株因風而搖動，豎立支柱。斜向插入支柱，並將支柱與嫁接口的下方（砧木）確實綑綁固定。

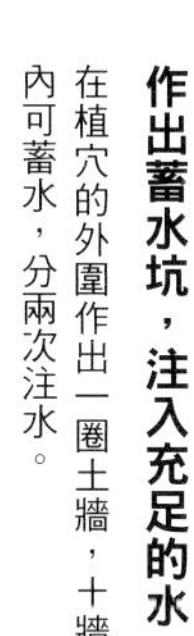

作出蓄水坑，注入充足的水

在植穴的外圍作出一圈土牆，土牆內可蓄水，分兩次注水。

以稻草覆蓋土表

土牆變平後，在植株基部的土表上覆蓋上稻草，厚度約5公分。

＊覆蓋土表，除了可以防止土壤乾燥、澆水時泥水濺起之外，還能防止雜草，防止地溫上升。

＊秋天才取下嫁接膠帶。

作業後的管理

此時期氣溫上升，土壤容易乾燥，因此在定植後的一個月內要仔細觀察，一旦土壤變乾，就要施給充足的水。

May

5月

本月的主要作業

- 基本 新苗的定植
- 基本 儘早進行開花後修剪
- 基本 基部筍芽的摘芯
- 進階 盲芽枝的處理
- 進階 扦插（綠枝扦插）

基本 基本的作業
進階 適合中・高級者的作業

5月的玫瑰

可以盡情欣賞玫瑰的月份。幾乎所有的品種在下旬前都會陸續開花。開花後要盡早進行開花後修剪，且要努力防治病蟲害。有不少品種在開完這一波花之後，會從植株基部長出基部筍芽。若粗心沒留意，就會讓基部筍芽結出花苞。市面上有正開著花的新苗流通，可以看花的狀況來挑選喜歡的品種。

NP-M. Tsutsui

4月盛開的「粉月季（Old Blush）」。若在溫暖地區，冬天也不會落葉。

主要的作業

基本 新苗的定植（參照P.50）

有相當多開花苗在流通

是購入喜愛品種的好時機。

基本 開花後修剪（參照P.49）

為了下一波花要早日修剪

盡早進行開花後修剪，是讓下一次的花順利開花的要訣。

基本 基部筍芽的摘芯（參照P.56）

在還未出現花苞前摘掉嫩枝前端

這波花開完後會萌生出基部筍芽。在尚未長出花苞之前，先將枝條前端摘除，進行摘芯，使其順利生長。

進階 盲芽枝的處理 （參照P.58）

出現不結花苞的枝條

盲芽枝指的是不會結花苞的枝條。如果發現，依照P.58的要領來處理。

進階 扦插（綠枝扦插）（參照P.58）

利用開花後的枝條來扦插

扦插是任何人都能進行的簡單的玫瑰繁殖法。以開花後的枝條就能進行扦插。

本月的管理

- 擺放到日照充足的場所
- 盆植、地植若變乾就要澆水
- 盆植要盆面置肥，地植不需要
- 進行病蟲害的防治

管理

地植

澆水：變乾後在植株基部澆水

如果一直都是晴天，土壤變乾燥後，在植株基部施給充足的水。

肥料：不需要

其他：摘蕾

若栽培大輪品種，想要欣賞該品種應有的花朵，可以在開花前的花苞階段將中央的大花苞留下，而將側蕾摘除。結有過多花苞的中・小輪品種，為了要減少植株的體力消耗，也可將花苞少量摘除。

盆植

放置場所：

日照充足且通風良好的場所

下雨天時將盆栽移動至屋簷下等，避開雨水就能減少疾病的發生。

澆水：開始變乾後，施給充足的水

每天觀察盆土的乾燥狀態，開始變乾後施給充足的水，並澆到餘水從盆底流出為止。氣溫高且易乾燥的晴天，有時需要一天澆水兩次。水分不足會導致長出不結花苞的盲芽枝。

肥料：盆面置肥

將發酵油粕製成的顆粒狀肥料等有機固體肥料，每個月一次，放置在盆面的邊緣。若是大拇指第一節大小的肥料，6吋盆約放置兩顆，8至10吋盆約放置三顆。有些品種，當肥料不足時，枝條雖粗但花梗會變細。仔細觀察，若出現花梗變細的狀況時，可併用液體肥料。

其他：摘蕾　與地植的要領相同。

病蟲害防治：害蟲為玫瑰黑小象鼻蟲、金龜子類、玫瑰三節葉蜂等。疾病為黑點病、灰黴病、白粉病等

本月也會出現不同的病蟲害。仔細觀察，在發生的初期就進行防治（參照P.44）。盆植玫瑰易乾燥，葉蟎的蟲害會增多。一旦發現，在葉背噴水，將葉蟎沖刷掉。

黑點病　灰黴病　玫瑰黑小象鼻蟲　金龜子類

基本 基部筍芽的摘芯

適當時期＝2月至6月
8月下旬至9月下旬

基部筍芽是從植株基部萌生出來的粗新芽，
是形成將來樹型的重要枝條。
在還未出現花苞前摘掉枝條前端，促進其順利生長。

＊基部筍芽在開始延伸時，如果水分不足，會短枝就開出花朵。

從植株基部生長出來的基部筍芽。

以手指將枝條前端摘除

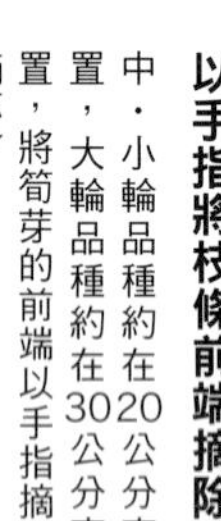
中・小輪品種約在20公分高的位置，大輪品種約在30公分高的位置，將筍芽的前端以手指摘除（軟摘芯）。

摘芯後長出的枝條。大輪的品種，若基部筍芽有直徑1公分以上，就能長出兩枝枝條。結出花苞後，等花苞膨大到約紅豆大小時，進行第二次摘芯。之後再摘一次花苞，到了秋天再使其開花。

摘下的筍芽前端

若太晚摘除會結出花苞。此時參照P.57的圖Ⓐ來處理。

若讓基部筍芽開花會減短筍芽的壽命

隔年修剪的位置會較深，結果會使該筍芽不能持久。與摘芯過的筍芽相較，因為木質部非常少，所以枝條的壽命也會減短。

Ⓐ如果基部筍芽結出了花苞

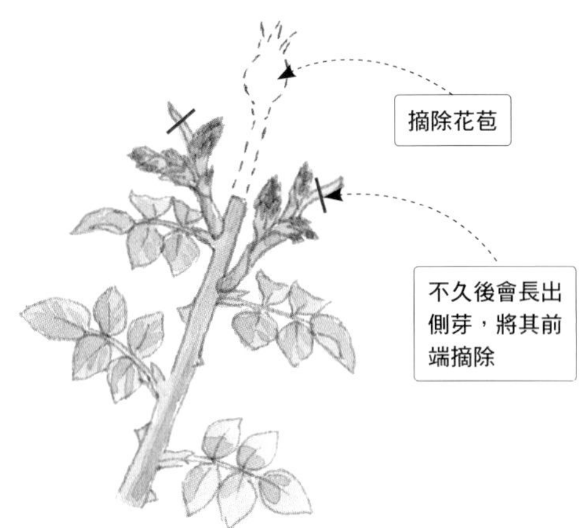
摘除花苞
不久後會長出側芽，將其前端摘除

結出了小花苞的基部筍芽，以手指摘除。

Ⓑ如果不小心讓基部筍芽開出了花

若太晚進行基部筍芽的摘芯，前端會呈掃帚狀般開出花朵。此時請參照圖例將花朵剪除，使其長出新的枝條，到了秋天再讓枝條開花。

將開出花朵的基部筍芽進行修剪。

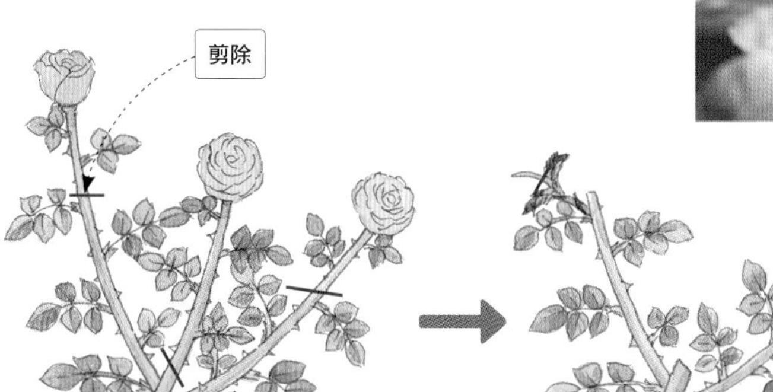
剪除
以手摘除（軟摘芯）。可讓下一次的花朵開花。

進階 盲芽枝的處理

適當時期＝5月下旬至6月下旬

有好幾種原因會造成植株長出不會結花苞的盲芽枝，除了因為品種的特性，或日照不足、氣溫低等原因之外，也有可能是澆水或施肥等管理上的不當，使其無法順利生長，植株體力不足等原因而造成。

不用剪除，任其繼續生長
等長出兩枝新芽後將其中之一拔除

盲芽枝。從前端兩葉片的基部會長出新芽。

因為長有兩枝，所以拔除較瘦弱的芽。被留下的另一枝會開出花朵。

進階 扦插（綠枝扦插）

適當時期＝1月至3月
10月至1月

準備的資材

插穗＝花朵已快結束的枝條。直徑約0.5公分粗的枝條較易發根。像火柴棒粗細的枝條也能扦插。

扦插用土壤

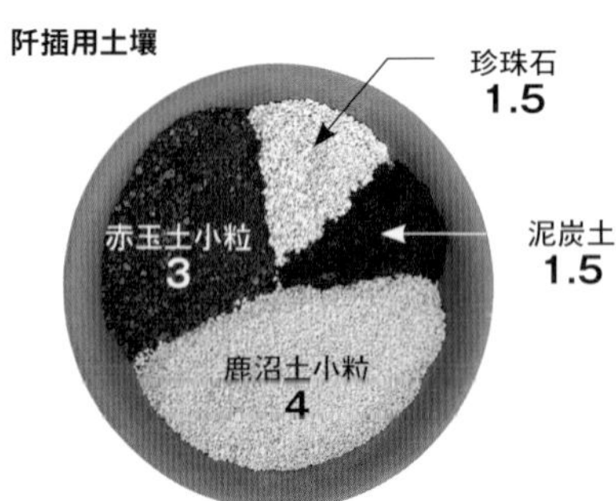

土壤的顆粒如果過粗，雖然排水性好，但因為富含氧氣，所以在插穗的切口處會結出瘤狀物（切口處的細胞分裂肥大所形成的組織，癒合組織），導致發根不易。

沸石
（如果有，
可加入少許到土壤中）

＊其他還需要修剪用剪刀、7吋盆（乾淨的合成樹脂製花盆等）、竹筷。

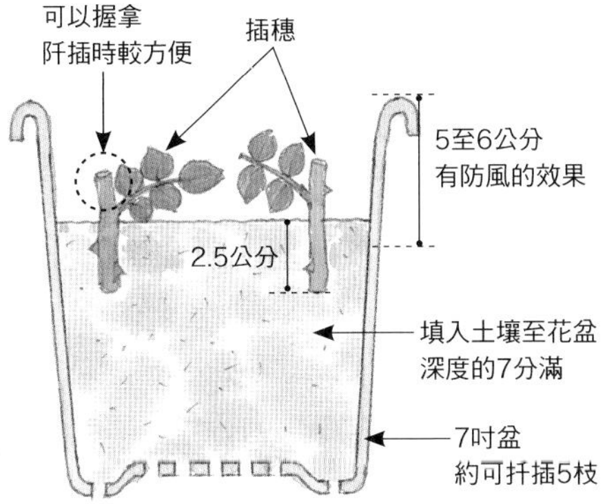

從節的中間下刀，分出一節一節

在節與節的中間處下刀，剪出插穗。如此一來，上半部可以握拿，扦插時會較為便利。長度約5公分。

修整插穗

為了讓扦插後不容易拔動，將刺留下。此外，為了抑制水分蒸散，切除掉一片小葉。完成後，浸水30分鐘。

在潮濕的土壤上開洞後扦插

在花盆中填入土壤，並將土壤弄濕，以竹筷等插出孔洞後，插入插穗。

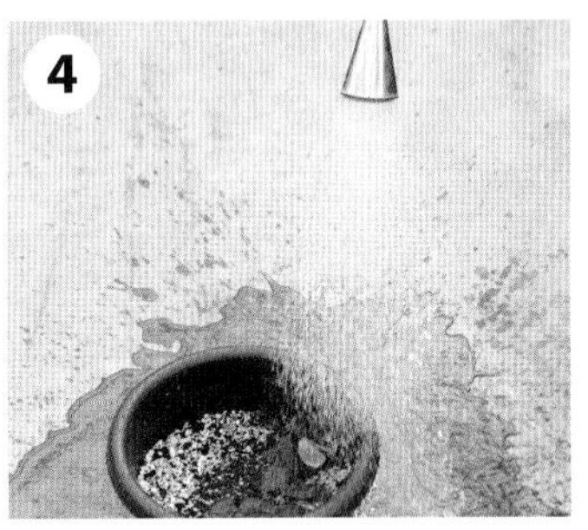

施給充足的水

以細孔的蓮蓬噴嘴澆水壺施給大量充足的水。

作業後的管理

放置在上午有陽光照射的場所。土壤若過分潮濕，不會發根，因此不要澆水過多。白天時即使葉片變軟沒活力，但只要早晨時是直挺有張力，那就沒有問題。過了約一星期後，如果葉片沒有黃化，就表示有成功。如果黃化就代表失敗了，要重新進行。若是在5月進行扦插，約20至30天會發根。

June

6月

本月的主要作業

- 基本 新苗的定植
- 基本 儘早進行開花後修剪
- 基本 基部筍芽的摘芯
- 進階 盲芽枝的處理
- 進階 扦插（綠枝扦插）

基本 基本的作業

進階 適合中・高級者的作業

6月的玫瑰

玫瑰的開花已經過了全盛期，早開性的品種已接著要開下一波花。到了下旬就會進入梅雨季節。此時期最重要的工作，無庸置疑的就是病蟲害的防治。若一旦發病、蔓延，想要讓病原菌完全滅絕是很困難的。本月是基部筍芽多萌發的時期。不可以支柱去支撐基部筍芽，任其繼續生長即可。

NP-M.Tsutsui

滿開的「芳香蜜杏（Fragrant Apricot）」。香氣芬芳的中輪品種。

主要的作業

基本 **新苗的定植**（參照P.50）

儘可能早一點定植

早一點購入喜歡的品種，買來後馬上定植。

基本 **開花後修剪**（參照P.49）

下一波花開完後剪除殘花

和春天時相同，花開完後進行開花後修剪。

基本 **基部筍芽的摘芯**（參照P.56）

盡早將前端摘除

基部筍芽正在成長。仔細觀察，在還沒看到花苞之前，將枝條前端摘除，促進其順利生長。若讓筍芽開花，會減短其壽命。

進階 **盲芽枝的處理**（參照P.58）

盲芽枝只讓一枝新芽生長

盲芽枝指的是不結花苞的枝條。若發現，參照P.58的要領，讓萌生出的新芽只留下一枝。

進階 **扦插（綠枝扦插）**（參照P.58）

利用開花後的枝條來扦插

以開花後的枝條就能進行扦插。試著扦插喜歡的品種吧！約20至30天就會發根。

本月的管理

- 擺放到日照充足的場所
- 梅雨季時仍要注意是否乾燥
- 盆植要盆面置肥，地植不需要
- 雨後進行藥劑散布

1月 2月 3月 4月 5月 **6月** 7月 8月 9月 10月 11月 12月

管理

地植

澆水：變乾後在植株基部澆水

如果土壤乾燥，或基部筍芽正在萌生出來，就在植株基部施給充足的水分。

肥料：不需要

盆植

放置場所：

日照充足處。進入梅雨季後要避開雨水

梅雨季前，放置在日照充足且通風良好的場所。進入梅雨季後，改為放置在通風良好但不會淋雨，有日照的場所。

澆水：開始變乾後，施給充足的水

每天觀察盆土的乾燥狀態，開始變乾後施給充足的水。晴天且氣溫高、容易乾燥的日子，不只有6至7吋盆，有時連8吋盆都需要一天澆水兩次。梅雨季時，儘管有下雨，但不見得盆土會完全潮濕。當水分不足時，葉片會沒有活力、亮澤，且會變柔軟。

肥料：盆面置肥

每個月一次放置有機固體肥料在盆面的邊緣。若是大拇指第一節大小的肥料，6吋盆約放置兩顆，8至10吋盆約放置三顆。

病蟲害防治：害蟲為蚜蟲、捲葉蛾的幼蟲、玫瑰三節葉蜂、斑星天牛的成蟲等。疾病為黑點病、灰黴病、白粉病等

病蟲害多發的時期。病蟲害並不會在某一天才突然出現，所以每天仔細觀察植株是不可或缺的。參考天氣預報，如果能了解何種氣候或環境比較容易出現病蟲害，就能作事先的預測。每天的觀察，並非只是以眼睛看，聞聞香味或以手觸摸葉片等，也是很重要的，這不是只為了要預測或發現病蟲害，而是能讓我們更發掘出玫瑰的魅力。主要的病蟲害以及該病蟲害的防治法，請參照P.78。梅雨季時的藥劑散布，請在雨一停後馬上就進行。

July

7月

本月的主要作業

- 基本 新苗的移植換盆
- 基本 開花後修剪
- 基本 基部筍芽的摘芯
- 基本 抗暑對策至降暑

基本 基本的作業
進階 適合中・高級者的作業

7月的玫瑰

梅雨季快結束時，不只是沒有耐暑性的品種，大多的品種也都會因高溫炎熱而開始生長變緩慢，花朵變小，或花色變淡。為了要存續植株的體力，建議可以摘蕾。不只是盆植的玫瑰，也要想辦法幫庭院中地植的玫瑰降暑。上旬仍處於梅雨季，以病蟲害的防治為管理的重心。

植株上已長出了下一波花的花苞。

主要的作業

基本 新苗的移植換盆（參照P.64）

替4月定植的植株移植換盆

將4月種進花盆中的植株，移植到大2吋的花盆裡。

基本 開花後修剪（參照P.49）

耐暑性弱的品種進型摘蕾

花開完後儘早將殘花剪除。若是耐暑性弱的品種，將花苞摘除，不使其開花。

基本 基部筍芽的摘芯（參照P.56）

在還未看到花苞前以手指摘芯

在還結出花苞之前，將枝條前端摘除。

基本 抗暑對策（參照P.65）

盆植放在半日照處，地植要遮光

部分品種會因高溫炎熱而停止生長，讓自身的葉片掉落，或葉片會出現黃化、變形等現象。為了替玫瑰緩和暑熱，將盆植玫瑰移動至涼爽的半日照處，為了避免地植的玫瑰西曬，拉設起遮光網，或在西邊種植低矮的灌木等。在傍晚涼爽的時間替玫瑰施給充足的水，就能達到降低植株四周溫度的效果。

本月的管理

- 梅雨季要避雨，夏季時要避免西曬
- 變乾後施給充足的水
- 盆植要盆面置肥，地植不需要
- 注意葉蟎

管理

地植

澆水：變乾後在植株基部澆水

比照6月的作法。

肥料：不需要

其他：覆蓋土表

梅雨季結束的同時，替植株的四周除草，並在植株基部鋪上剪成約5公分長的稻草，覆蓋住土表。能防止地溫上升、乾燥、雜草的生長等。

盆植

放置場所：

梅雨季時要避雨，夏季時要半日照

梅雨季期間，要放置在通風良好，不會淋雨且有日照的場所，並且避免西曬。梅雨季結束後，將耐暑性弱的品種移動至通風良好的半日照處。

澆水：變乾時，施給充足的水

在土壤開始變乾後，每天施給充足的水。不耐高溫多濕的品種，若土壤中含有堆肥等有機質，排水會變差，因此容易引發根部腐爛。

肥料：盆面置肥

比照6月的作法。

病蟲害防治：黑點病、灰黴病、葉蟎、薊馬等

為葉蟎類蟲害多發的時期，也要注意薊馬。梅雨季期間，黑點病會不斷蔓延擴大。白粉病則會隨著氣溫的升高，而停止發病。如果在氣溫高時噴灑藥劑，會出現藥害，因此要選在早晚涼爽的時段進行（主要的病蟲害及其防治法，請參照P.78）。梅雨一結束，替得病的植株進行照護工作（參照P.86），盡早壓制住疾病，並讓接著長出來的新芽不會再出現病症。若再讓此新芽發病，就沒有美麗的秋花可以欣賞了。

基本 新苗的移植換盆

適當時期＝7月中・下旬

在4月定植的新苗
順利地慢慢長大，
若筍芽開始萌生，進行換盆，
移植進較大尺寸的花盆。

準備的資材

植株、8吋盆（黑色、樹脂製）
土壤（赤玉土中粒5、鹿沼土中粒3、珍珠石1、泥炭土1）
盆底石（赤玉土大粒、赤玉土中粒各適量）

＊泥炭土使用酸性未經調整者。

在春天定植的新苗和移植用的8吋盆。

土壤要使用顆粒大的介質

植株已經成長變大，為了要增加排水性，且為了要培育出健壯的植株，所以改用較大顆粒的介質。

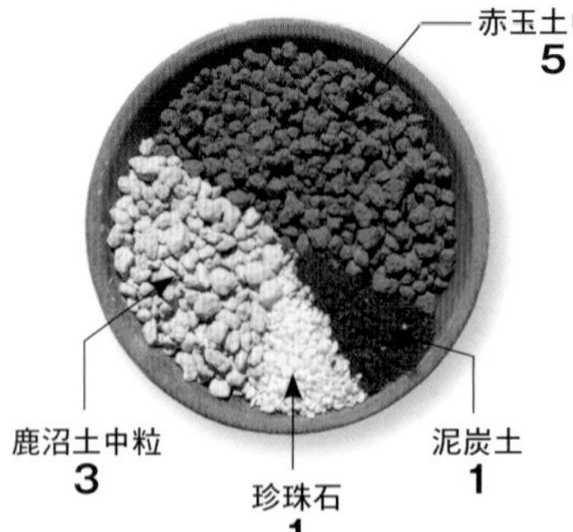

小心不要破壞根團

在花盆底部放入盆底石（赤玉土大粒、中粒），填入土壤後，將完整的根團置入盆內。

填入土壤，施給充足的水

在根團周圍填入土壤後，施給充足的水。

移植進8吋盆。土壤的調配比例改變，土量也增多了，植株的生長將會更加旺盛。

作業後的管理

在花盆底部放入盆底石（赤玉土大粒、中粒），填入土壤後，將完整的根團置入盆內。

基本 抗暑對策（遮光）

適當時期＝7月至9月

替種植在西曬場所中的植株、耐暑性弱的品種進行遮光。利用市售的遮光網和支柱，簡單就能遮光。

準備的資材

光網（遮光率60%）、
支柱（直徑1.1公分、長度150公分）8支、
彈簧扣夾（直徑0.8至1.1公分）、
塑膠管夾（直徑1.3、長度6公分）。

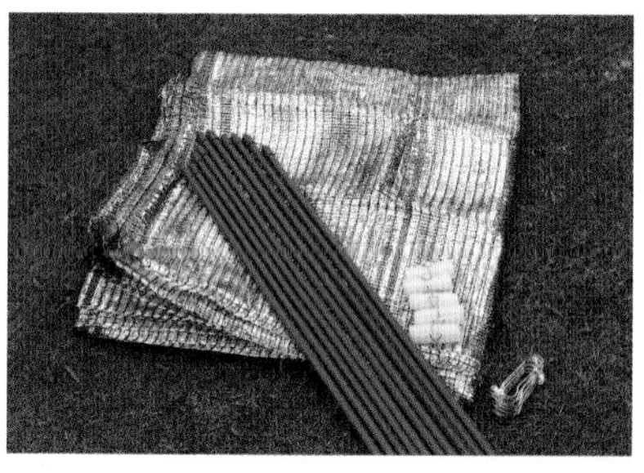

耐暑性弱的品種

英格麗褒曼（Ingrid Bergman）
太陽（Solero）
遙遠鼓聲（Distant Drums）
香雲（Duftwolke）
摩納哥王妃（Princesse de Monaco）
藍色天堂（Blue Heaven）等。

藍色天堂（Blue Heaven）

遙遠鼓聲（Distant Drums）

將支柱組合成井字型

在植株的四周豎立4支支柱，將植株圍住後，在上方架起橫向的支柱，並以彈簧扣夾固定，作出井字型。

以彈簧扣夾將支柱相互固定。

蓋上遮光網

覆蓋上遮光網，以塑膠管夾將遮光網固定在支柱上。

以塑膠管夾固定住支柱上的遮光網。

本月的主要作業

- 基本 抗暑對策、防颱措施
- 基本 開花後修剪
- 進階 基部筍芽的摘芯

基本 基本的作業

進階 適合中・高級者的作業

8月的玫瑰

生長速度變緩慢，花朵變小，花色變差等，玫瑰也因為炎熱高溫而顯得疲倦沒有活力。延續上個月，本月依然不可忘記要進行遮光等的抗暑措施。颱風季來臨，要注意天氣預報，若有颱風來襲，要儘早作好防颱措施。

完成了秋季修剪的植株，為了秋花已作好了準備。

主要的作業

基本 抗暑對策（參照P.65）

遮光或移動花盆

幫會被西曬的植株、耐暑性弱的品種，依照P.65的要領作好抗暑對策。

基本 防颱措施

移動花盆、或以繩子將植株捆束起來

當有颱風來襲的預報時，為了要避免損失，或將損失減到最輕，無論是盆植玫瑰或是地植玫瑰，都要作好

將繩子固定在植株基部，並呈螺旋狀將植株綑束起來。繩子選用寬度約1公分且扁平的類型較佳。

本月的管理

- 耐暑性弱的品種要避免西曬
- 變乾後施給充足的水
- 盆植要盆面置肥，地植不需要
- 注意病蟲害

防颱措施。將盆植玫瑰移動至不會受強風雨淋的場所。地植的玫瑰則以繩子捆束起來。

基本 **開花後修剪**

只將花朵部分摘除

在準備要進行秋季修剪之前的這個時期，只將花朵部分摘除即可。

基本 **基部筍芽的摘芯**（參照P.56）

從下旬開始，筍芽易萌發

若有持續澆水，早一點，約在8月中下旬過後，就會有不少品種萌發出基部筍芽。在尚未看到花苞，或花苞尚未膨大之前，就將嫩枝前端以手指摘除。

管理

地植

澆水：變乾後在植株基部澆水

比照7月的作法。

肥料：不需要

其他：覆蓋土表　比照7月的作法。

盆植

放置場所：

夏季要在通風良好的半日照處

將耐暑性弱的品種移動至通風良好的半日照處。

澆水：變乾後施給充足的水

比照7月的作法。

肥料：盆面置肥

比照7月的作法。

病蟲害防治：黑點病、玫瑰巾夜蛾、葉蟎等

銹病

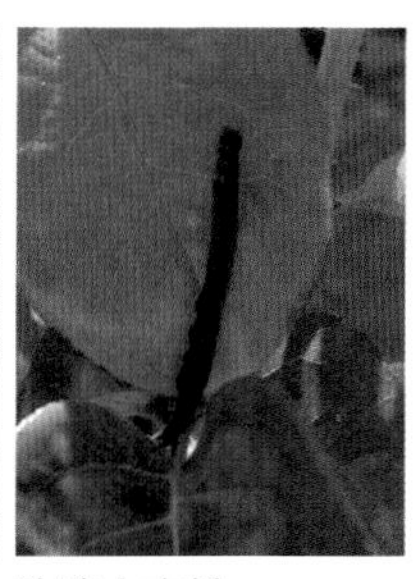

玫瑰巾夜蛾

本月仍要努力進行病蟲害的防治工作。黑點病、灰黴病、銹病、葉蟎、薊馬、玫瑰三節葉蜂、玫瑰巾夜蛾等皆有可能出現。詳細請參照P.78。

September

9月

本月的主要作業

- 基本 開花後修剪
- 基本 防颱措施
- 基本 基部筍芽的摘芯
- 進階 阡插（綠枝阡插）

基本 基本的作業

進階 適合中・高級者的作業

9月的玫瑰

炎熱高溫告一段落，玫瑰又要開始旺盛生長。在夏季期間沒有生病且有持續在澆水的植株，就會旺盛地冒出新芽，且會再度萌發出基部筍芽。持續摘蕾的新苗，到了上旬過後就可以不須再摘蕾，可讓其開出秋花。

秋花盛開前的玫瑰庭園。靜悄悄地，沒有動靜。

主要的作業

基本 **開花後修剪**

只將花朵部分摘除

基本 **防颱措施**（參照P.66）

移動花盆或以繩子將植株捆束起來

基本 **基部筍芽的摘芯**（參照P.56）

將筍芽的前端以手指摘除

發現基部筍芽，將其嫩枝的前端摘芯。

進階 **阡插（綠枝阡插）**（參照P.58）

適合阡插的時期

試著挑戰阡插吧！

將盆植玫瑰種至庭院裡的好時機

「買了開著花的盆植玫瑰，花欣賞完了想種到庭院裡……」若能在9月時栽種，玫瑰就能在涼爽的秋天氣候中充分生根，充滿活力地生長。不只增加枝

本月的管理

- 日照充足且通風良好的場所
- 變乾後施給充足的水
- 盆植要盆面置肥，地植則視生長狀況
- 注意病蟲害

管理

地植

澆水：變乾後在植株基部澆水

如果基部筍芽萌生出來後，記得要適時澆水。

肥料：替生長緩慢的植株施肥

觀察葉色和生育狀況，若生長緩慢，可施給肥料，用量約寒肥（P.36）的一半。因氣溫仍高，所以使用完全腐熟的發酵有機肥、泥炭土來代替堆肥。

盆植

放置場所：

日照充足且通風良好的場所

放置在通風良好且有充足日照的場所。

澆水：變乾後施給充足的水

盆土表面變乾後，施給充足的水，直到餘水從盆底流出為止。

肥料：盆面置肥 比照8月的作法。

病蟲害防治：黑點病、灰黴病、銹病，也要注意害蟲

本月仍要努力進行病蟲害的防治工作。黑點病、灰黴病、銹病、葉蟎、薊馬、玫瑰三節葉蜂、玫瑰巾夜蛾等。當冒出新芽、花苞後，番茄葉蛾會在萼片上產卵，一旦發現以手指撥掉。若太慢處理，幼蟲會吃食花苞內部，就沒有花朵可以欣賞了。

玫瑰三節葉蜂的幼蟲。

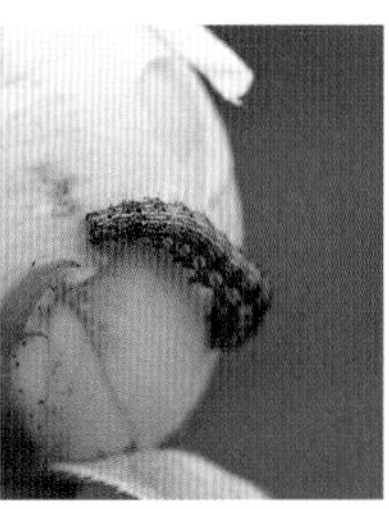

番茄葉蛾的幼蟲。

Column

葉數，根部也能活潑地延展，適應庭院的土壤，到了隔年就能旺盛成長。定植的方式請參照P.52。定植時，要小心勿破壞根團。若破壞根團，會使根部受傷，且有可能導致根瘤病的發生。

種植到庭院裡的植株，只能讓基部筍芽開花。若是大輪品種，使其開花約兩朵，其餘摘蕾。

October

10月

本月的主要作業

- 基本 開花後修剪
- 基本 防颱措施
- 基本 秋季修剪（為了秋花的修剪）
- 進階 扦插（綠枝扦插）

基本 基本的作業
進階 適合中・高級者的作業

10月的玫瑰

秋季玫瑰開始準備盛開。只要看開花狀態，就能知道入秋前的栽培管理是否適當。若在夏天遭受病蟲害而喪失體力，不只開出的花朵數量少，花朵也會變小。在秋天開花的枝條，能成為隔年春季時開花的飽滿枝條。本月上旬開始進行秋季修剪，秋季修剪是為了讓植株在秋天能開出優質好花的重要工作。讓玫瑰開出秋花，就是培育出健康植株的祕訣。

有著漂亮橘色的中輪叢開性品種「杏奈（Anna）」。連紅蜻蜓也來賞花了。

主要的作業

基本 開花後修剪

只將花朵部分摘除

花朵開完後，以剪刀將花朵部分剪除。如果植株的體力夠，氣溫也高，就會冒出側芽，到了11月會再度開花。部分品種花期長，花色會隨著開花時間而轉變成綠色，但若讓此類花期長的品種一直都開著，就會消耗植株的體力，請盡速剪除。

基本 防颱措施（參照P.66）

移動花盆、或以繩子將植株捆束起來

將盆植玫瑰移動至不會受強風雨淋的場所。地植玫瑰則依照P.66的要領，以繩子將植株捆束起來。

基本 秋季修剪（參照P.72）

要在秋天開出好花必不可少的作業

可在10月上旬至10月下旬期間，進行秋季修剪。

進階 扦插（綠枝扦插）（參照P.58）

適合扦插的時期

10月上・中旬時可進行綠枝的扦插。若是會嫁接的中高級者，可於10月下旬至11月期間進行休眠枝扦插（參照P.35），培養樹玫瑰用的砧木。將長度長的野薔薇枝條直接扦插。

本月的管理

- 日照充足且通風良好的場所
- 盆植變乾後施給充足的水
- 盆植要盆面置肥，地植不需要
- 注意病蟲害

管理

地植

澆水：**需要**

肥料：**需要**

盆植

放置場所：

日照充足且通風良好的場所

放置在通風良好且有充足日照的場所。

澆水：**變乾後施給充足的水**

盆土表面變乾後，施給充足的水，直到餘水從盆底流出為止。

肥料：**盆面置肥**

比照9月的作法。

病蟲害防治：**黑點病、灰黴病、銹病等**

本月仍要努力進行病蟲害的防治工作。本月會出現黑點病、白粉病、灰黴病、露菌病、雨量多時也會出現銹病。關於病蟲害，詳細請參照P.78。

Column

10月的大苗是好？還是不好？

大苗開始陳列在店面。因為是在進入休眠前就被挖起，並非是充實的植株，但優點在於此時期的氣溫適合玫瑰生育，比起在冬季時定植，更容易生根、適應土壤。定植後，芽與根部就會開始活動，進行吸水和蒸散作用，能減輕冬季低溫所造成的傷害。定植後，建議在冬季可覆蓋不織布。定植的方法可參照P.50。

挑選10月大苗時的重點

挑選正要冒芽或芽已經開始在伸展的植株。若在秋天將大苗定植，大多數的情況是芽會冒出，且伸長約10公分。在隔年1月上旬時，將此生長出來的枝條剪短剩下1至1.5公分，若長有葉片，則將葉片拔除。

秋天的大苗。健康有活力的新芽正在伸展著。

基本 秋季修剪

適當時期＝10月上旬至10月下旬

作業開始之前須具備的基本知識

修剪的時期

- 晚開性的品種、到開花需要的天數比較長的品種→10月上旬
- 一般品種→10月上旬至10月下旬

修剪的優點

在秋天開出優質好花

秋季修剪是要讓玫瑰在秋天能開出優質好花，所不可欠缺的作業。若不進行修剪，會零零落落地繼續開出小朵的夏花，就算到了秋天也無法開出漂亮花朵。此外，進行秋季修剪前的8月，為了不讓植株的生長停止，所以要持續澆水，作好準備。

修剪的基本

❶ 修剪冬季修剪後的第二波花或第三波花的枝條

在第二波花處下刀：正開著第三波花的枝條，或正在伸長中的枝條。

在第三波花處下刀：第二波花早開，枝條硬的情況，或葉片少的情況。

❷ 修剪柔軟的枝條

❸ 所有的枝條都要修剪到（生長停止的枝條不須修剪）

※葉片已掉落的植株，請參照P.86。

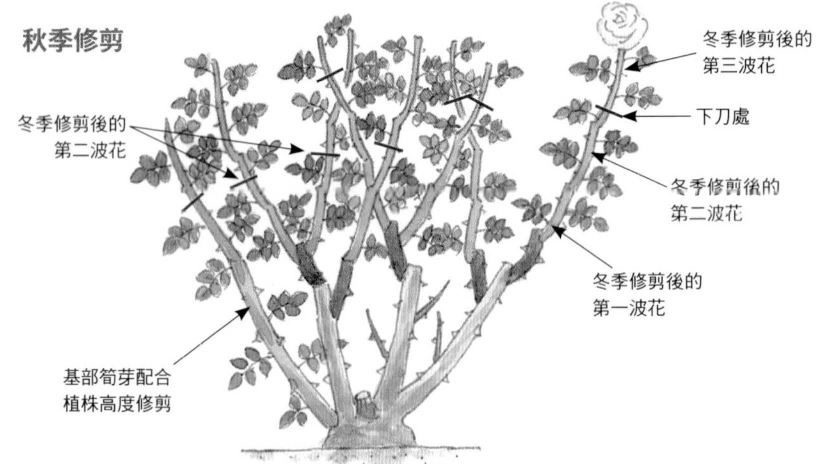

於8月下旬修剪的品種

活力（Alive）、伯爵夫人黛安娜（Gräfin Diana）、歌德玫瑰（Goethe Rose）、福音（Gospel）、懷舊（Nostalgie）、貝弗莉（Beverly）、頑皮豹（Pink Panther）、我的花園（My Garden）、瑠衣的眼淚（Rui no Namida）等

秋季修剪前的植株。
品種為「瑪蒂達（Matilda）」。

秋季修剪完成。

這種情況，要這麼處理！

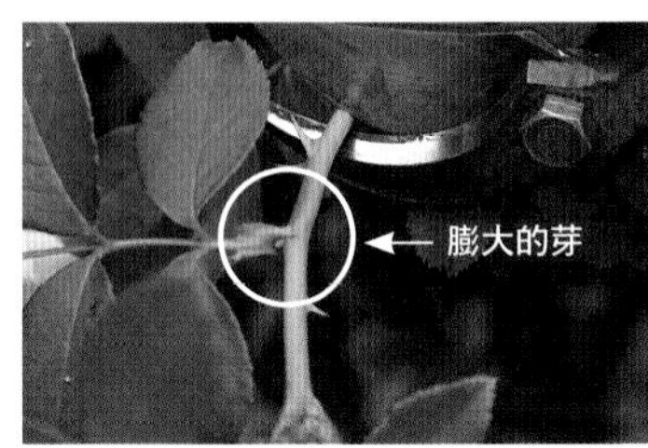

已變大的芽會較早開花，因此在此芽下方節間上修剪。

若是剛冒出的新芽，將前端摘除。如果留下會開出小朵的夏花。若是馬上就結出花苞也要摘除。

若花莖沒有伸長，花朵就已打開，將花朵從基部剪除。

生長停止的枝條，不須修剪。

11月

本月的主要作業

基本 開花後修剪
基本 大苗的定植

基本 基本的作業
進階 適合中・高級者的作業

11月的玫瑰

已經可以感受到初冬的來臨。到了這個時期，日本關東地區以西的地區仍會零零落落地繼續開花。在下過第一次霜後，雖然依然會開花，但雌蕊若結凍，花就會腐爛，因此建議將剩下的花剪下，當切花裝飾在室內。如此也能減少植株的消耗。

此時期病蟲害減少，管理作業也相對變少了。

可以進行大苗的定植。

一莖多花的尼可羅帕格尼尼（Niccolò Paganini），進入深秋，花色更為深濃。

主要的作業

基本 開花後修剪

只將花朵部分摘除

花朵開完後，以剪刀將花朵部分剪除。如果植株的體力夠，氣溫也高，就會冒出側芽，到了11月會再度開花。部分品種花期長，花色會隨著開花時間而轉變成綠色，但若讓此類花期長的品種一直都開著，就會消耗植株的體力，因此請盡速剪除。

基本 大苗的定植

不要忘記要防寒

如果是在本月進行定植，根部在春天之前並不會活動，若不防寒，可能會出現枝條枯萎、植株枯死等狀況。枝條一旦冰凍，枝條上就會出現紅紫色或褐色的斑點。請務必要進行防寒措施。但若是暖冬，根部或芽可能在年內就會生長。定植的方法請參照P.38、P.40。

定植後，利用園藝用的不織布袋來防寒。

本月的管理

- 日照充足的牆邊等
- 變乾後在上午澆水
- 盆植、地植皆不需要
- 注意白粉病、露菌病

管理

地植

澆水：需要

肥料：需要，一星期噴灑一次葉面肥

其他：將植株基部整理乾淨

因病原菌和害蟲的蟲卵等可能會潛藏，所以要將殘花剪除，並將掉落的花瓣和葉片撿拾乾淨。

盆植

放置場所：不會受凍的場所

上午會有陽光照射的牆邊等，不會受凍的場所。

澆水：變乾後在溫暖日子的上午進行

盆土越來越難變乾。若變乾後，選在溫暖日的的上午進行，並施給充足的水。

肥料：需要

病蟲害防治：注意白粉病、露菌病

要注意白粉病、露菌病、灰黴病等。若有果蠅在植株附近飛，表示有蚜蟲等害蟲出沒，要特別留意。進行今年度最後一次的藥劑噴灑。關於病蟲害，詳細請參照P.78。

Column

挑選優質大苗的要點

大苗多流通的時期。根據下述的要點，來挑選出優良的植株。

❶硬實且粗的枝條（直徑1至1.5公分）要有至少一枝。

❷芽已伸出約數公分或正在伸展中的植株為佳（9至11月、2至3月的苗）。多數的市售苗都只是暫時置入到長型花盆中，當芽已經開始在活動，即表示已經長出了新的根。這樣的苗已經可以進行吸水和蒸散作用，因此枝條較不易受凍，也較不會因低溫而枯死。

❸進口苗，要挑選沒有枯枝，且芽稍微膨大的植株為佳。

❹裸苗，要挑選有粗長根部，且細根多的植株為佳。

❺樹皮上沒有紅紫色斑點的植株，切口的木質部上沒有斑點的植株（1至3月時流通的苗）。

❻嫁接的部位沒有剝離且沒有乾枯的植株。

❼標籤上有標示品種名和種苗公司名。

本月的主要作業

基本 寒肥
基本 大苗的定植

基本 基本的作業
進階 適合中・高級者的作業

12月的玫瑰

葉片陸續掉落，有受到朝陽照射的枝幹會帶有紅色。而不夠充實的枝條則會維持原本的綠色。有大量介殼蟲附著的植株不會落葉。進入休眠期後，若氣溫持續嚴寒，有部分品種的枝幹上會出現紅紫色的斑點。之所以出現此現象可能是該品種的性質，或該品種的耐寒性弱，或因黑點病等讓植株在初秋時掉葉所導致。

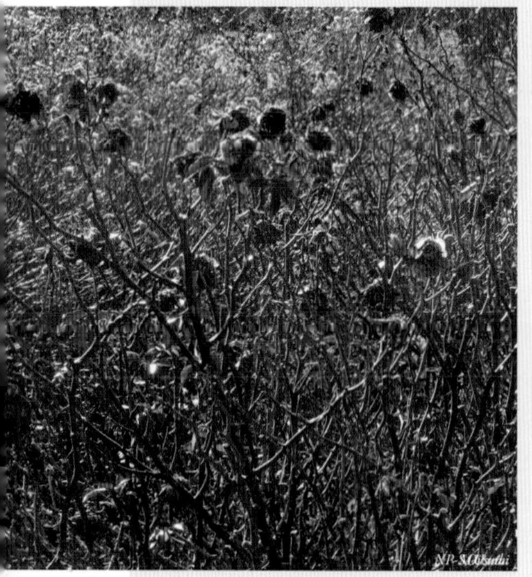

初冬，仍留有殘花的植株。葉片掉落，輕訴著冬天的風情。

主要的作業

基本 **寒肥**（參照P.36）

替地植的植株施給有機肥料

10月下旬至11月上旬開始可以施給寒肥。

基本 **大苗的定植**

不要忘記要防寒

最適合進行大苗定植的時期是2月中旬至3月上旬，但如果不得已必須要在本月定植時，作業完成後務必要進行防寒。根部在春天之前並不會活動，若不防寒，可能會出現枝條枯萎、植株枯死等狀況。定植的方法請參照P.38、P.40。

對冬季定植的大苗而言，防寒是很重要的。將盆栽放置在屋簷下等處，並覆蓋上不織布等。

本月的管理

- 日照充足的牆邊等
- 變乾後在上午澆水
- 盆植、地植皆不需要
- 注意白粉病、露菌病

Column

冬季定植　注意要點

（在12至2月上旬的休眠期時，購入並定植的情況）

❶檢查根部的狀態

輕微清洗根部（若洗得過於乾淨會使根部受損，要注意），檢查根部的狀態，看根部是否有受傷，是否有泥土等黏著在上面等。如有折損的部位以剪刀剪除。千萬不可在定植的前一天將根部浸泡在水中使其吸水。定植的隔天，若天候嚴寒，枝條會因此結凍。枝條一旦結凍，除了樹皮上會出現斑點外，在氣溫上升後會因寒風而立刻變乾燥。

❷12月時留下葉片

若在12月定植時，先將葉片留下，等到1月進行修剪時，再將其往下拔除。

❸要防寒

將盆植玫瑰放置在不會結霜的屋簷下等處。晚間也可利用不織布等將植株覆蓋。

管理

地植

澆水：**需要**

肥料：**需要，一星期噴灑一次葉面肥**

盆植

放置場所：**不會受凍的場所**

上午有陽光照射的牆邊等，不會受凍的場所。

澆水：**變乾後在溫暖日子的上午進行**

比照11月的作法。盆栽若凍結，盆土中會有水分，請靜待盆土變乾。

肥料：**不需要**

病蟲害防治：**防治介殼蟲**

病蟲害變得很少。若出現介殼蟲，以舊牙刷等將其刷落，若大量發生，可噴灑藥劑。延續上個月，本月時而可見果蠅出沒。若有果蠅在植株附近飛，表示有蚜蟲等害蟲，要特別留意。關於病蟲害請參照P.78。

玫瑰主要的病蟲害&防治法

玫瑰的栽培管理上，一定要注意的就是病蟲害。即使有完善的栽培環境，也選了具有耐病性的品種，但並非就代表病蟲害完全不會發生。在此針對主要的病蟲害及其防治法進行介紹（如何減少病蟲害的發生，請參照P.44）。

玫瑰的病蟲害年曆

以台灣地區為基準

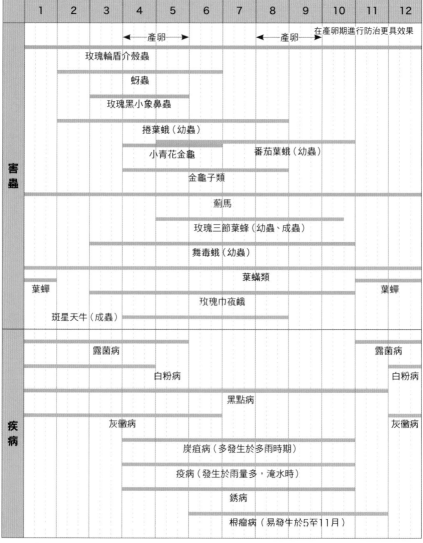

		1	2	3	4	5	6	7	8	9	10	11	12
害蟲	產卵（在產卵期進行防治更具效果）				■	■			■	■			
害蟲	玫瑰輪盾介殼蟲	■	■	■	■	■	■	■	■	■	■	■	■
害蟲	蚜蟲		■	■	■	■	■						
害蟲	玫瑰黑小象鼻蟲			■	■	■							
害蟲	捲葉蛾（幼蟲）		■	■	■	■	■	■	■				
害蟲	番茄葉蛾（幼蟲）					■	■	■	■	■	■		
害蟲	小青花金龜				■	■	■						
害蟲	金龜子類				■	■	■	■	■				
害蟲	薊馬	■	■	■	■	■	■	■	■	■	■	■	■
害蟲	玫瑰三節葉蜂（幼蟲、成蟲）					■	■	■	■	■	■		
害蟲	舞毒蛾（幼蟲）			■	■	■	■	■	■	■	■		
害蟲	葉蟎類	■	■	■	■	■	■	■	■	■	■	■	■
害蟲	葉蟬	■										■	■
害蟲	玫瑰巾夜蛾			■	■	■	■	■	■	■	■		
害蟲	斑星天牛（成蟲）				■	■	■	■	■				
疾病	露菌病	■	■	■	■	■						■	■
疾病	白粉病	■	■	■	■								■
疾病	黑點病	■	■	■	■	■	■	■	■	■	■	■	
疾病	灰黴病	■	■	■	■	■	■						■
疾病	炭疽病（多發生於多雨時期）				■	■	■	■	■	■	■		
疾病	疫病（發生於雨量多，淹水時）				■	■	■	■	■	■	■		
疾病	銹病				■	■	■	■	■	■	■		
疾病	根瘤病（易發生於5至11月）						■	■	■	■	■	■	

＊葉蟬：溫暖的南側，冬季仍留有葉片時發生。玫瑰三節葉蜂：部分種類的蟲卵可度冬。

＊白粉病・露菌病：若是冷夏，春天至深秋期間皆會發生。

玫瑰會發生的主要病蟲害

＊藥劑的用例為2017年1月。

害蟲名稱	發生時期	被害狀況與對策
蚜蟲類	2月至6月	**[被害狀況]** 密集於新芽、嫩葉或花苞等處，吸取汁液。會帶來玫瑰花葉病，排泄物亦會導致煤煙病發生。 **[對策]** 以藥劑防治。藥劑如：Orutoran液劑（毆殺松）、Garden Guard AL（百滅寧、四克利）、Sumison乳劑（馬拉松、撲滅松）、Best Guard 粒劑（烯啶蟲胺）、Benika X Fine 噴霧劑（可尼丁、芬普寧、滅派林）、Maitemin 噴霧劑（亞滅培、Penthiopyrad）、Mospiran液劑（亞滅培）等。
玫瑰黑小象鼻蟲	3月至5月	**[被害狀況]** 極小的黑色甲蟲。若被其吃食，新芽前端和小花苞會像是燒焦般變黑且枯萎。 **[對策]** 出現蟲害的部分會留有幼蟲，因此連同枝幹切除。藥劑如：Benika R 乳劑（芬普寧）、Benika X Fine 噴霧劑（可尼丁、芬普寧、滅派林）等。
金龜子類	4月至8月	**[被害狀況]** 甲蟲，成蟲的軀殼帶有亮澤，會吃光花和花苞。幼蟲則會在土中吃食根部。盆植的玫瑰會因幼蟲的侵害而枯死。小春花金龜多出現於5月，主要是吃食花朵。會聚集在白色、黃色、桃色等淡色的花朵。 **[對策]** 進行捕殺。針對成蟲的為Benika X Fine 噴霧劑（可尼丁、芬普寧、滅派林），針對幼蟲的為Benika水溶劑（尼克丁）等。
斑星天牛	4月至8月（成蟲）	**[被害狀況]** 成蟲會啃食枝幹，枝幹會從被啃食處開始枯萎。成蟲於植株基部產卵，幼蟲會吃食根部，若被害嚴重，植株會枯死。 **[對策]** 植株基部會出現像細木屑般的蟲糞，以鐵絲等插入孔穴中將其刺死，或捕殺成蟲。

害蟲名稱	發生時期	被害狀況與對策
薊馬	全年	**[被害狀況]** 潛藏進花朵或花苞、葉片，吸取汁液。 **[對策]** 會在花瓣上產卵，因此要將剪除下來的殘花處分。體長1至2mm，極小因此難以捕殺。利用藥劑來防治。藥劑如：Orutoran水和劑（歐殺松）、Orutoran粒劑（歐殺松）等。
玫瑰三節葉蜂	3月 至10月	**[被害狀況]** 小型的葉蜂，成蟲翅黑，腹部為橘色，會在玫瑰枝幹上產卵，綠色的幼蟲會群聚於葉片，將整張葉片啃食殆盡。 **[對策]** 捕殺產卵中的成蟲。幼蟲則利用藥劑來防治。藥劑如：園藝用Kinchoru E（百滅寧）、Orutoran液劑（歐殺松）、Star Guard Plus AL（達特南、Penthiopyrad）、Benika J 噴霧劑（可尼丁、芬普寧）等。
葉蟎類	全年	**[被害狀況]** 會從葉片背面吸取汁液的小蟲，是蜘蛛的同類。葉片表面乾皺變白，甚至落葉。嚴重時，嚴重時會像結滿蜘蛛網般。 **[對策]** 以強力水柱沖洗葉片背面，將葉蟎沖刷掉。嚴重時噴灑殺蟎劑。藥劑有分成蟲或幼蟲用。藥劑如：Dani Down 水和劑（密滅汀）（蟲卵、幼蟲、成蟲）、Dani太郎（必芳蟎）（ 蟲卵、幼蟲、成蟲）、Baroque 水懸劑（依殺蟎）（ 蟲卵、幼蟲）等。
捲葉蛾（幼蟲）	2月 至8月	**[被害狀況]** 幼蟲會將數張葉片重疊起來後藏匿於其中，吃食葉肉。 **[對策]** 發現重疊捲曲起來的葉片時，將其打開，捕殺害蟲。

害蟲名稱	發生時期	被害狀況與對策
玫瑰輪盾介殼蟲	全年	**[被害狀況]** 細小粉狀的介殼蟲，吸取汁液，使植株衰弱。嚴重時植株會枯死。終年可見。 **[對策]** 休眠期時，以舊牙刷將其刷落。蟲卵孵化的時期，噴灑藥劑。藥劑如：Akuteriku乳劑（亞特松）、介殼蟲噴霧劑（可尼丁、芬普寧）等。
玫瑰巾夜蛾	3月 至10月	**[被害狀況]** 尺蛾的同類。灰、黑色的幼蟲會吃食葉片。 **[對策]** 一旦發現馬上捕殺。
舞毒蛾（幼蟲）	3月 至10月	**[被害狀況]** 幼蟲吃食葉片。幼齡幼蟲會吐絲並垂吊於半空，因而有「鞦韆毛蟲」的別名。蟲卵度冬。 **[對策]** 一旦發現馬上捕殺。藥劑如：ST Akuteriku乳劑（亞特松）等。
葉蟬	11月 至 1月	**[被害狀況]** 葉蟬為蟬的同類，種類多，常見於玫瑰上的為體長約0.2公分，灰褐色的小型葉蟬。常在玫瑰進入休眠期，已經不噴灑其他害蟲的藥劑時出現。進入深秋後，葉蟬會藏匿於葉片背面，吸取葉片汁液，導致葉片表面乾枯。 **[對策]** 冬季時不會活動，可進行捕殺。

疾病名稱	發生時期	症狀與對策
白粉病	12月 至4月 10月 至11月	**[症狀]** 嫩葉或花苞像被白色粉末（真菌）覆蓋住，最後甚至會擴散至植株整體，導致生長衰弱。會於15℃至25℃間發生。到了30℃雖會暫時消失，但病原菌依然存活著。 **[對策]** 噴灑藥劑，同時要日照充足、通風良好。勿施給過多肥料。藥劑如：ST Sapuroru乳劑（賽福寧）、Salbatore ME（四克利）、Happa乳劑（菜籽油）、Fulpika水懸劑（滅派林）、Flora Guard AL（四克利）、Benika X Fine 噴霧劑（可尼丁、芬普寧、滅派林）、Maitemin 噴霧劑（亞滅培、Penthiopyrad）等。
疫病	5月 至10月	**[症狀]** 多因過度潮濕而導致，枝條上會出現水漬狀的斑點，轉變成暗褐色，並擴散至植株整體。未成熟的枝條會枯萎，堅硬結實的枝條則會葉片變黃並落葉。 **[對策]** 將得病植株拔除燒毀。因具有土壤傳染性，利用客土將舊土換新，並提升排水性。
黑點病	1月 至11月	**[症狀]** 葉片上會出現猶如滲出來的黑色斑點，葉片最後會黃化並落葉。多發生於多雨時期，會迅速擴散，並使植株變衰弱。 **[對策]** 去年曾發病的植株從3月開始噴灑藥劑，作好預防。將掉落的葉片丟棄。每隔3日噴灑藥劑一次，約持續3次。藥劑如：ST Sapuroru乳劑（賽福寧）、Salbatore ME（四克利）、Fulpika水懸劑（滅派林）、Flora Guard AL（四克利）、Benika X Fine噴霧劑（可尼丁、芬普寧、滅派林）等。
根瘤病	7月 至12月	**[症狀]** 主要會在植株基部長出瘤狀塊，並逐漸變大。土壤中的病原菌會從嫁接部位的傷口處等侵入。未成熟的植株雖有枯死的可能，但對成株的生長並不會有特別的影響。 **[對策]** 以銳利的刀片挖除瘤狀塊。換盆移植時，將根部周圍的土壤廢棄。若是盆植，要選用乾淨的土壤。

疾病名稱	發生時期	被害狀況與對策
銹病	4月 至11月	**[症狀]** 葉片和枝條上會出現黃色的小疙瘩，且有明亮橘色的粉末，隨後變黑並落葉。易發生於溼氣重的狀態。 **[對策]** 將出現病斑的葉片和枝條剪除，並噴灑藥劑。藥劑如：Jimandaisen水和劑（鋅錳乃浦）、Emdifer水和劑（錳乃浦）等。
灰黴病	12月 至5月	**[症狀]** 花瓣上出現紅色斑點，隨後花蕾上會長出灰色黴狀物。變成茶褐色並腐爛。初春或深秋時，柔軟的芽、枝、葉會因而融化。多發生於多雨時期。 **[對策]** 將掉落的花瓣或已發病的花苞清除。噴灑藥劑。藥劑如：Emdifer水和劑（錳乃浦）、Benika X Fine 噴霧劑（可尼丁、芬普寧、滅派林）等。
露菌病	11月 至5月 9月 至10月	**[症狀]** 日夜溫差大且濕度高時易發生。約10天左右就會開花的階段時，出現紅紫色的斑點，葉片背面長出灰色黴狀物，留下花苞，葉片一口氣掉落。尚未成熟的植株可能因而枯死。儘管抑制了病症，但仍會留下縱向的病痕。 **[對策]** 將掉落的葉片清除乾淨，並噴灑藥劑。藥劑如：Emdifer水和劑（錳乃浦）等。
炭疽病	4月 至 10月	**[症狀]** 葉片上出現約1公分大小的黑色斑點，慢慢地會落葉。比黑點病的病斑大。發生於多雨時期。 **[對策]** 噴灑藥劑。藥劑如：Emdifer水和劑（錳乃浦）、Jimandaisen水和劑（鋅錳乃浦）等。

藥劑散布時的重點

**1. 選擇適當的藥劑
將數種藥劑交替使用**

能使用（已登錄）於玫瑰的藥劑，僅限「適用植物」標示欄中紀載有「玫瑰」「花卉・觀葉植物」的藥劑，能防治的病蟲害也會紀載於標籤說明上。殺蟲劑、殺菌劑、殺蟲殺菌劑的種類多，多到會讓人不知道該如何選擇。多數的藥劑，若一直持續使用同一種類，病蟲害就會產生耐性菌、出現抵抗性，藥效因而降低。因此，避免使用同一系統的藥劑（藥劑隨著針對哪種部位產生防治效果，而分成幾種系統。以害蟲來舉例，有針對害蟲的神經系統產生作用來殺蟲的系統，或藉由抑制害蟲的成長、阻礙其脫皮進而殺蟲的系統……），將數種不同系統的藥劑依序交替使用。關於藥劑的搭配使用，建議可以諮詢專業的農藥業者。

**2. 噴灑時作好個人防護措施
原則上在無風的早晨或傍晚進行**

為了不讓藥劑沾附到皮膚，作業時要配戴農藥用的防護口罩、橡膠手套，身著作業服等。噴灑藥劑時，為了避免產生藥害等，春天至秋天期間，盡量於無風的早晨或傍晚進行，但初春和深秋時期，則要避免早晨和傍晚，改為在氣溫已開始上升的上午進行。若在高溫時期的白天噴灑藥劑容易出現藥害，氣溫尚低的初春和深秋時期，若在早晨和傍晚進行，則易誘發露菌病。夏季時的藥害，會出現葉片萎縮，節間的延展變差，葉片變黑等症狀。

將調配混和好的藥劑加入噴霧器中，從葉片表面、背面，植株整體都要徹底噴灑。

**3. 將殺菌劑和殺蟲劑
混和後噴灑**

當植株數量少時，手動噴霧型的殺蟲殺菌劑較為便利。若植株的數量多，可將殺菌劑和殺蟲劑混和，自行調配出藥劑。但有部分藥劑無法與其他藥劑混和，請仔細閱讀說明後再行使用。混合過的藥劑無法保存，因此請依當天的使用量來進行調配。如果藥劑有剩下來須要丟棄時，不可倒入排水溝等，請倒在地面使其滲透進土中。

*若在住宅、市街等區域噴灑藥劑時，請考量到街坊鄰居，事前告知並選在無風的日子裡進行。

藥劑的調配方法

除了準備可以混和在一起的殺蟲劑和殺菌劑外，也要準備展著劑。

各式藥劑。後方左側為展著劑（使藥劑密著於葉片上）。

散布時的重點

將藥劑噴灑在整體葉片上，重點在於要讓葉片表面、背面形成藥劑的薄膜。同一株植株不可重複噴灑。

手動噴霧型的藥劑。離植株約30cm處，整體都要均勻噴灑。

在水中加入殺蟲劑、殺菌劑

依據稀釋比例準備水（圖片為1公升），利用點滴吸管在水中依照規定量加入殺蟲劑，再依規定量加入殺菌劑。

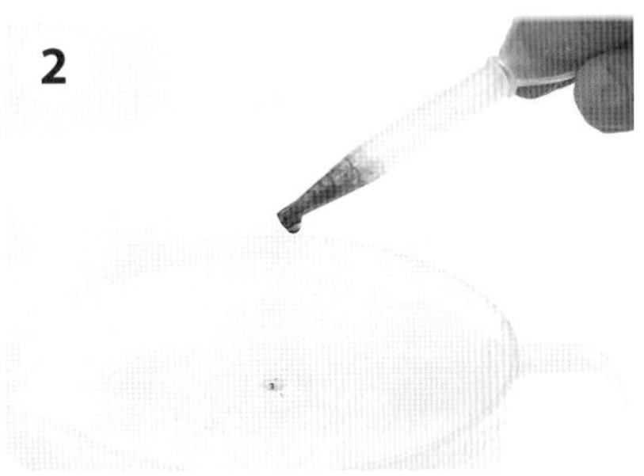

加入1至2滴的展著劑

展著劑有能讓藥劑附著於植物的功效。

均勻攪拌

以竹筷或點滴吸管等充分攪拌均勻後，藥劑調配完成。

Trouble rescue

Q&A

於此收集了各式與玫瑰性質、玫瑰品種、栽培上的煩惱等相關的問題，從中挑選出了有特別多疑問的問題並加以解答。

如何讓因黑點病而落葉的植株復原？

每年梅雨季結束時，都因黑點病而落葉。該如何管理？又如何進行秋季修剪呢？

反覆進行摘芯，增加葉片數

梅雨季節中得到黑點病的植株，利用藥劑將病原菌驅除，讓植株在9月時恢復活力，10月下旬使其開花。

依照下述步驟來進行管理。

❶輕微修剪枝條前端，並將因病掉落的葉片全部撿拾後廢棄。圖1

❷每間隔3日噴灑殺蟲殺菌劑一次，共4次至5次。

❸施給液體肥料。

❹若結出花苞，趁花苞仍小時以手指摘除。並持續反覆進行。圖2

重要的是，噴灑過藥劑後，不要讓新長出來的芽或嫩葉又發生黑點病。

1 輕微修剪枝條前端

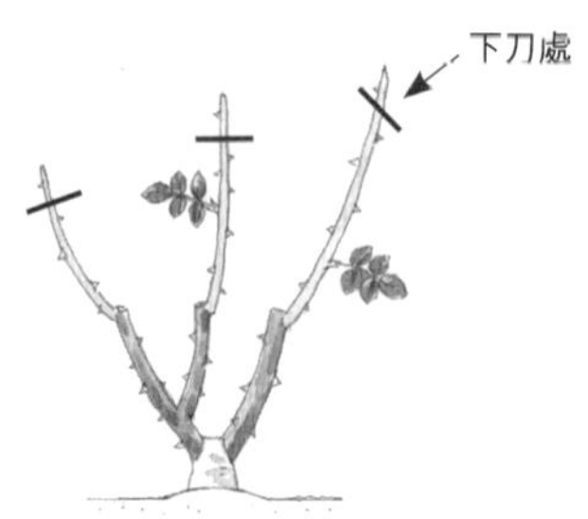

將掉落的葉片、有病斑的葉片全部清除乾淨。

2 進行兩次摘芯後，再使其開花

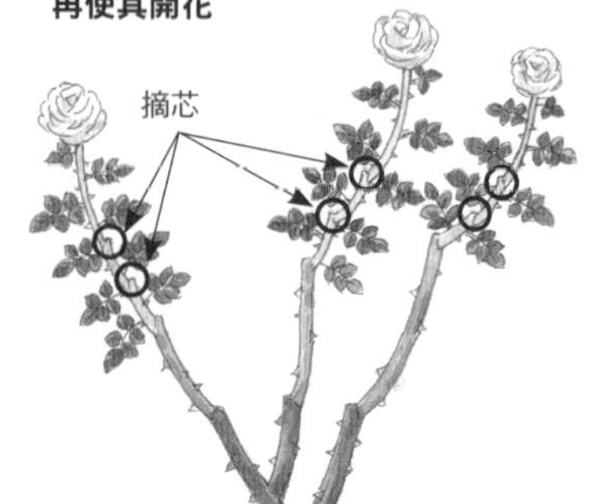

噴灑過藥劑後，將新芽如圖示般進行兩次摘芯，之後再讓植株開花。

長型花盆中的土，要去掉嗎？

買了種在長型花盆裡的大苗。長滿了白色的根，種的時候要弄鬆根團嗎？

若根部和芽已經在活動，不要去土

那是在秋天時買的苗吧？11月時市售的苗，應該都長了芽，且長滿了白色的根。此時，不要去破壞根團，直接栽種。但如果芽尚未活動（沒有膨大），表示根部也還沒有在活動，栽種時將根團弄鬆，讓根部平均張開。購買的若是裸苗，如果枝幹或根部看起來乾燥，使其吸水約30分鐘後再行定植（如果枝幹乾燥，連同枝幹一起浸水）。此外，清洗根部會使其受傷，因此不須洗根。

1月的大苗。長出了芽且葉片已展開的大苗，長滿了白色的根。不要破壞根團，直接栽種。

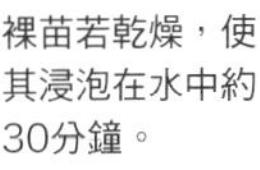

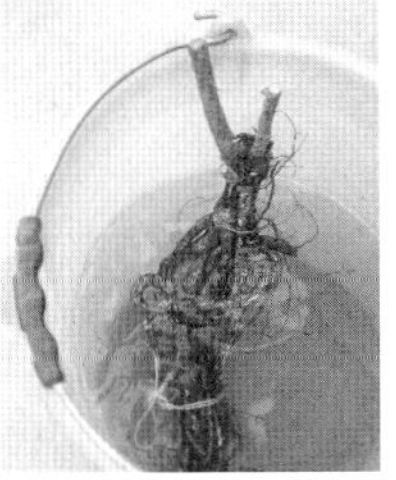

裸苗若乾燥，使其浸泡在水中約30分鐘。

玫瑰的嫁接口，要覆蓋住土壤嗎？

定植的時候，常常在煩惱到底該不該埋住嫁接口。正確的作法是什麼呢？

讓嫁接口貼近土壤表面

這回答因人而異，而我認為定植後的植株若在澆了充足的水之後，從土壤表面看得見嫁接口，但又似乎看不見的狀態，最為適當。尤其太平洋岸的地區，冬季非常乾燥，為防止根部乾燥，因此讓嫁接口貼近土壤表面。在冬季期間，即使土壤已完全變乾，但常常不會澆水，因此千萬不可淺植。若在寒冷地區，需要防寒，例如將土堆高、或蓋上不織布等（參照P.93）

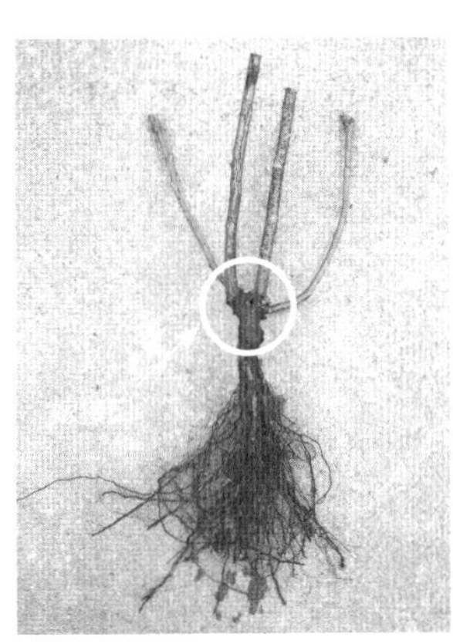

玫瑰大苗的嫁接的部分。圖中為切接的苗。

Q 沒有活力的玫瑰該使用什麼土壤呢？

想幫在梅雨季時爛根的玫瑰移植，選用普通的土壤就可以了嗎？

A 使用排水性佳且乾淨的土壤

對盆植的玫瑰而言，土壤的好壞會直接影響生育狀況和植株的成長。

沒有活力的成株

要讓沒有活力的植株能順利度過夏季的高溫多濕，通氣性和排水性優良的土壤非常重要（不要使用混合了大量有機物的市售培養土）。可加入約1成左右的泥炭土，但不要再加入其他的有機物。

使用的介質：赤玉土小粒5、硬質的鹿沼土中粒5

- 盆底石使用大粒和中粒的赤玉土。
- 待芽伸長約1公分後施給液體肥料，葉片展開後施給固體肥料。
- 若植株已恢復活力，等過了一個冬天後，在春天利用大苗用的土壤來移植。

沒有活力的阡插苗或小苗

因為根量少，若赤玉土或紅土多時，就會過濕，發根和出芽也會變慢。使用通氣性和排水性優良的土壤。

使用的介質：泥炭土5、赤玉土小粒4、珍珠石（米粒的大小）1

- 盆底石使用大粒和中粒的赤玉土，放入的深度約花盆的1/3至1/4。
- 移植後，擺放在半日照處約一星期，使其漸漸習慣日照。

阡插苗的根部狀態。

若能以適當的土壤來管理，就能讓根部早日著根，增加根量，生長也會變得旺盛。

Q 不會從植株基部長出筍芽

我家的冰山，幾乎都不會從植株基部長出筍芽。這是因為管理不當嗎？

A 部分品種，成株難長出筍芽

有一部分的品種，在幼苗時會經常長出基部筍芽，但一旦成熟後，就幾乎不會再冒出。冰山（Iceberg）約經過5年後，就幾乎不會長出基部筍芽。此類性質的玫瑰，枝條壽命長，舊枝依然會開花。進行冬季修剪時，在上次冬季修剪後開出的第一波花的枝條處下刀，修整出漂亮的株型。此外，不易長出基部筍芽的品種如下：

伊芙伯爵（Yves Piaget）、黃金兔（Gold Bunny）、夏爾戴高樂（Charles de Gaulle）、俏麗貝絲（Dainty Bess）、諾瓦利斯（Novalis）、吸引力（Knock Out）、新娘萬歲（Vive la Mariee!）、小特里阿農（Petit Trianon）、波麗露（Bolero）、結愛（Yua）、烏拉拉（Rose Urara）等。

基部筍芽沒有伸長，在植株的下方就開花了。

Q 地植的玫瑰也需要澆水嗎？

平常沒有在幫地植玫瑰澆水。有澆水的必要嗎？總覺得植株看起來沒什麼活力……

A 初夏到初秋期間有必要，特別是在梅雨季結束後要注意缺水

當植株長出基部筍芽時，要2至3天一次，在植株的基部澆水。如果水分不足，筍芽不會伸長，可能在下方就開出花朵。

梅雨季一旦結束後，高溫乾燥的氣候會持續。為了要讓植株在秋天萌發出基部筍芽，若天氣晴朗，就算是地植玫瑰也幾乎要每天澆水。等到8月中下旬過後，就能看到努力澆水的成果。連難長出筍芽的冰山（Iceberg）都有可能會冒出基部筍芽。等到夏天尾聲到初秋，晚間開始會下露水後，再慢慢減少水分。之後會降雨，原則上就不再澆水。但是，北海道或東北地區的太平洋岸等，夏季會吹濕冷風的區域，若幫地植玫瑰澆水則會導致露菌病，因此不須施給水分。

如何讓基部筍芽順利生長

玫瑰萌生出基部筍芽，替換掉老舊枝條，藉由此反覆的過程，植株能長年持續生長。近年來具有耐病性的品種，即使基部筍芽不常萌發，但因枝條的壽命變長，植株也相當持久。但是若能讓既有的品種，包括近年的品種，透過適當的管理，使其長出基部筍芽，就能增加主幹數，進而也能增加花量。

如何才能讓基部筍芽順利生長，要掌握住下述的要點。

❶不讓基部筍芽發生疾病。

❷若萌發出基部筍芽，要澆水，使其持續生長。

❸到8月下旬為止，要持續以手指摘芯（不使其開花）

盆植玫瑰養得不好……

以盆栽種玫瑰，但生長緩慢，照顧得不好，也有枯死的。這是什麼原因呢？

A 肥料過多、病蟲害、管理上的問題等

有相當多的原因。常見的原因是施給了過多的肥料。特別是化合肥料，太多就會導致生育障礙（肥傷）。千萬不可因為想要讓植株早日變大，而施給過量的化合肥料。化合肥料雖然富含均衡的三要素氮（N）、磷（P）、鉀（K），但玫瑰生長所需的鈣、鎂、鐵、錳等其他的微量元素卻很少，因此改用富含這些元素的有機肥料來栽培。將固體的有機肥料放置在盆面邊緣，進行盆面置肥。除了肥料以外，也有可能是因為發生了病蟲害，或土壤中有過多的有機物，而使根部腐爛，或為了讓通風變好，去除了過多葉片，或弄錯了換盆的時期……等各種原因。冬天要放置沒有寒風吹襲的場所。請重新檢視平時的管理是否妥當。

每個月一次在盆面放置固體有機肥料，培育出了健康有活力的盆植玫瑰。

Q 適合陽台種植的品種是哪些？

沒有庭院，所以在陽台以花盆栽培玫瑰，有適合陽台種植的品種嗎？

A 建議挑選耐風且耐乾燥，強健有耐病性的品種

雖然依照個別的日照條件和通風的好壞會有所差異，但建議挑選陽台等狹小空間也容易管理的小型低矮品種、耐風的品種、耐乾燥的品種等。即使十年都不換盆移植也能生長的強健品種、能讓農藥降到最少用量的高耐病性品種等，也是不錯的選擇。若家中有幼童，挑選刺少的品種也是很重要的。

推薦的品種如下：婚禮鐘聲（Wedding Bells）、齊格菲（Siegfried）、吸引力（Knock Out）、煙花波浪（Fireworks Ruffle）、小特里阿農（Petit Trianon）、芳香蜜杏（Fragrant Apricot）、波麗露（Bolero）、我的花園（My Garden）、烏拉拉（Rose Urara）……

Q 冬季修剪時，找不到好芽

花友教我在修剪時要在好芽上剪，但我家的玫瑰沒有膨大且看起來不錯的芽……

A 沒有好芽是正常的

冬季修剪時，如果芽有膨大，表示該植株出現了下述的狀況，或因該品種的特性而讓芽很早就開始活動。

植株有體力，但因病蟲害等，太早就讓葉片掉落。

❶在12月時，已先在比原本想剪的位置稍微高的地方修剪了。

❷在12月時，為了要讓植株休眠，而將芽或葉片拔除了。

❸伊豆舞孃（Izu no Odoriko）、沙奇夫人（Mme. Sachi）等，芽很早就會開始活動的品種。

❹一般的品種，大多數在1月的休眠期時，芽還不會開始活動。也就是說，芽不會變大。因此找不到膨大的好芽。玫瑰的芽只要根部開始活動，自然就會冒出變大。請在想剪的位置上進行修剪。

Q 無法完全根治介殼蟲……

我家的玫瑰一整年都有介殼蟲，很難根治。該怎麼作才能讓介殼蟲消失呢？

A 冬天時以舊牙刷仔細地將其刷落

一般的玫瑰輪盾介殼蟲一整年都會附著在枝幹上。主要會在4至5月、8至9月時產卵、孵化，在幼蟲的階段以藥劑驅除，或在冬季期間以舊牙刷等仔細地將其刷落。若刷除得不夠徹底，馬上就會繁衍，一整年都會持續侵害植株，體力不足的植株可能會因而枯死。用來驅除幼蟲的藥劑為介殼蟲噴霧劑（有效成分：可尼丁、芬普寧）。

趁玫瑰在冬季的休眠期時，以舊牙刷將介殼蟲仔細地刷落。

Q 如何預防天牛類的害蟲？

我家靠山區，常會飛來天牛。牠們在植株底部產卵，幾年後植株就枯死了，因為常常這樣，所以真的很困擾。花友說：「只要將玫瑰種深一點，頂多只會損失一枝枝條而已」。真的是這樣嗎？有沒有什麼有效的對策呢？

A 保持植株基部的清潔日照要充足

有人會說：「將玫瑰深植，這樣天牛只會產卵在一枝枝條上，只要早點發現就能減少損失」，但這種作法其實不容易，很難照著想法去實現。最好的作法是保持植株基部的清潔，而且日照要充足。有人會在植株基部的周圍種植草花，這是不好的。若被草花覆蓋住時，通風會變差，會誘發各式各樣的病蟲害，害蟲出現時，也很難及時發現。因此要讓植株基部保持清潔，並且與草花保持適當的間距。

啃食掉植株根部的天牛幼蟲。

北國的玫瑰

選擇有耐病性的品種，冬季要防寒

在北國或緯度高且嚴寒的地區，若能挑選具有耐病性的品種，且作好冬季的防寒措施，就能有美麗的花朵可以欣賞。多數的玫瑰都具有耐寒性，尤其是近年由德國、法國等育出的耐病性品種，大多數都有著卓越的耐寒性。

生長期要注意的就是不要讓病蟲害發生。避免多肥，讓植株健康成長，並使其開出秋花，讓枝條能長成結實且堅硬的枝條。植株健康，耐寒性就會強，很容易就能度過寒冬。

適合北國的品種

活力（Alive）、岳之夢（Gaku no Yume）、玫瑰花園（Garden of Roses）、伯爵夫人黛安娜（Gräfin Diana）、葛蕾特（Gretel）、宇宙（Kosmos）、諾瓦利斯（Novalis）、吸引力（Knock Out）、我的花園（My Garden）、瑠衣的眼淚（Rui no Namida）……

防寒措施

在降雪前按照圖示，在植株周圍豎立長木板，並覆蓋上不織布。冬季修剪則要等雪融化後再進行。

＊木板：可使用生火用的市售木材、家中現有的木板等，任何木板都可以。
＊盆植玫瑰：移動至屋簷下等，並用不織布覆蓋。

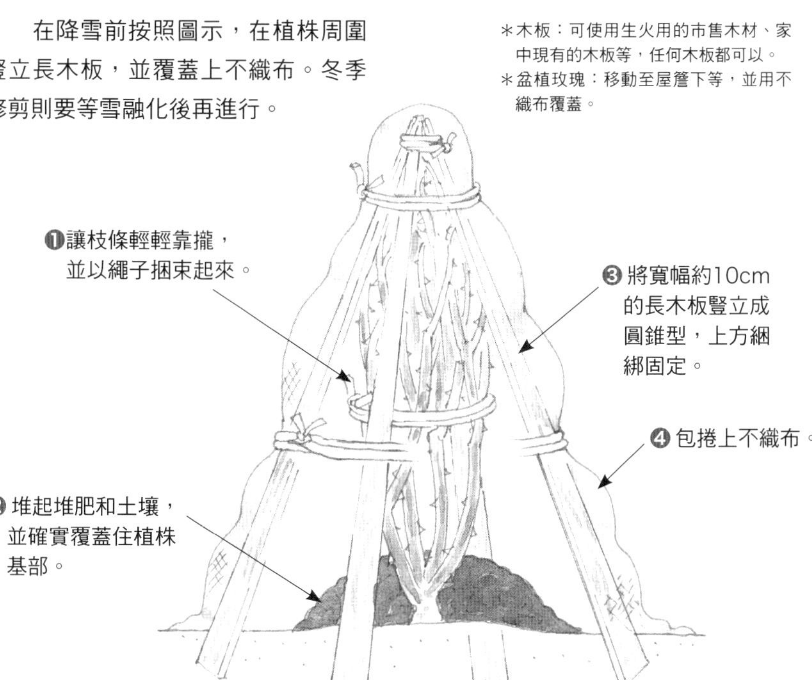
❶讓枝條輕輕靠攏，並以繩子捆束起來。
❷堆起堆肥和土壤，並確實覆蓋住植株基部。
❸將寬幅約10cm的長木板豎立成圓錐型，上方綑綁固定。
❹包捲上不織布。

玫瑰專賣店＆玫瑰花園

2017年1月的資訊

玫瑰專賣店

大野農園
北海道音更町
Fax 0155-42-1277
http://www.oono-roses.com

ガーデンガーデン
愛知県豊橋市
☎0532-41-8787
http://www.gardengarden.net

Greem's Garden
山口市
☎ & Fax 083-902-7700
http://www.syoujuen.co.jp/

京成バラ園
千葉県八千代市
☎047-459-3347（Garden Center）
http://www.keiseirose.co.jp/garden/gardencenter/（Garden Center）、http://ec.keiseirose.co.jp/（網路商店）

京阪園芸
大阪府枚方市
☎072-844-1781（京阪園藝Gardeners）、072-844-1187（網路商店）
http://www.keihan-engei.com

コマツガーデン
山梨県昭和町
☎055-287-8758（直營店「Rosa Verte」）、055-262-7429（網路商店）
http://www.komatsugarden.co.jp/

バラの家
埼玉県杉戸町
☎0480-35-1187
http://www.rakuten.co.jp/baranoie/

京都・洛西　まつおえんげい
京都市西京区　☎075-331-0358
http://matsuoengei.web.fc2.com/

玫瑰花園

石田ローズガーデン
秋田県大館市　☎0186-43-7072（大館市産業部観光課）
http://www.city.odate.akita.jp/dcity/sitemanager.nsf/doc/bara.html

伊奈町制施行記念公園　バラ園
埼玉県伊奈町　☎048-721-2111（都市計画課公園緑地係）
http://www.town.saitama-ina.lg.jp/0000000120.html

花菜（かな）ガーデン
神奈川県平塚市
☎0463-73-6170
http://www.kana-garden.com

かのやばら園
鹿児島県鹿屋市
☎0994-40-2170
http://www.baranomachi.jp/

河津バガテル公園
静岡県河津町　☎0558-34-2200
http://www.bagatelle.co.jp/

ぐんまフラワーパーク
群馬県前橋市　☎027-283-8189
http://www.flower-park.jp/

京成バラ園
千葉県八千代市
☎047-459-0106
http://www.keiseirose.co.jp/garden/

国営越後丘陵公園
新潟県長岡市
☎0258-47-8001
http://echigo-park.jp/guide/flower/rose/

敷島公園ばら園
群馬県前橋市　☎027-232-2891
http://www.city.maebashi.gunma.jp/shisetsu/436/p007179.html

神代植物公園
東京都調布市　☎042-483-2300（神代植物公園服務中心）
http://www.tokyo-park.or.jp/park/format/index045.html

中野市一本木公園
長野県中野市　☎0269-23-4780（一本木公園バラの会事務局）
http://www.ipk-rose.com/

花フェスタ記念公園
岐阜県可児市　☎0574-63-7373
http://www.hanafes.jp/hanafes/

花巻温泉バラ園
岩手県花巻市　☎0198-37-2111
http://www.hanamakionsen.co.jp/rose/

東沢バラ公園
山形県村山市　☎0237-55-2111（村山市商工観光課）
http://www.city.murayama.lg.jp/kanko/rose/higashizawabarakouen.html

東八甲田ローズカントリー
青森県七戸町　☎0176-62-5400
http://www.shichinohe-kankou.jp/rose

福山市ばら公園
広島県福山市　☎084-928-1095（福山市公園緑地課）
http://www.city.fukuyama.hiroshima.jp/

横浜イングリッシュガーデン
横浜市西区　☎045-326-3670
http://www.y-eg.jp/

ローズガーデンちっぷべつ
北海道秩父別町　☎0164-33-3833
Fax 0164-33-3162
http://www.town.chippubetsu.hokkaido.jp

品種名索引

＊粗體字為「推薦的經典名花＆容易栽培的新品種」（P.14至P.26）中所介紹的品種。

花の道 65
hana no michi

全年度玫瑰栽培基礎書

作　　者／鈴木滿男
譯　　者／楊妮蓉
審　　定／艾瑪
發 行 人／詹慶和
總 編 輯／蔡麗玲
執 行 編 輯／劉蕙寧
編　　輯／蔡毓玲・黃璟安・陳姿伶・李宛真・陳昕儀
執 行 美 編／周盈汝
美 術 編 輯／陳麗娜・韓欣恬
內 頁 排 版／造極
出 版 者／噴泉文化館
發 行 者／悅智文化事業有限公司
郵政劃撥帳號／19452608
戶　　名／悅智文化事業有限公司
地　　址／新北市板橋區板新路 206 號 3 樓
電　　話／(02)8952-4078
傳　　真／(02)8952-4084
電 子 信 箱／elegant.books@msa.hinet.net

2019 年 3 月初版一刷　定價 380 元

經銷／易可數位行銷股份有限公司
地址／新北市新店區寶橋路 235 巷 6 弄 3 號 5 樓
電話／(02)8911-0825
傳真／(02)8911-0801

鈴木滿男

玫瑰栽培技術者。曾任職於玫瑰的種苗公司，擔任生產者的技術指導、玫瑰園的管理工作等。2015 年退休。現仍在各地的玫瑰園進行從業人員的指導工作，並持續透過講習會指導一般玫瑰愛好者。著有《讓玫瑰美麗綻放的栽培技巧》(NHK 出版)、《玫瑰栽培完全聖經》(西東社出版) 等。

封面設計
Okamoto Issen Graphic Design Co.,Ltd.

內文設計
山内迦津子／林 聖子／大谷 紬
(Hiroshi Yamauchi Design Office)

封面攝影
大泉省吾

內文攝影
福田 稔
今井秀治／大泉省吾／上林徳寛／
桜野良充／ Sayaka ／田邊美樹／
筒井雅之／徳江彰彥／成清徹也

插畫
常葉桃子（しかのるーむ）
タラジロウ（書中登場人物）

校正
安藤幹江

編輯協助
うすだまさえ

企劃・編輯
渡邉涼子 (NHK 出版)

採訪協助・圖片提供
京成バラ園芸
安仲麗子／大河内和子／河合伸志／
木村卓功／草間祐輔／
京王フローラルガーデン ANGE ／
京阪園芸／国立越後丘陵公園／
斉藤　実／鈴木滿男／都立神代植物公園／
横浜イングリッシュガーデン／吉池貞蔵

國家圖書館出版品預行編目資料

全年度玫瑰栽培基礎書 / 鈴木滿男著；楊妮蓉譯.
-- 初版 . -- 新北市：噴泉文化館出版, 2019.3
面； 公分. --（花之道；65）
ISBN 978-986-96928-9-2（平裝）

1. 玫瑰花 2. 栽培

435.415　　108002606

Rose

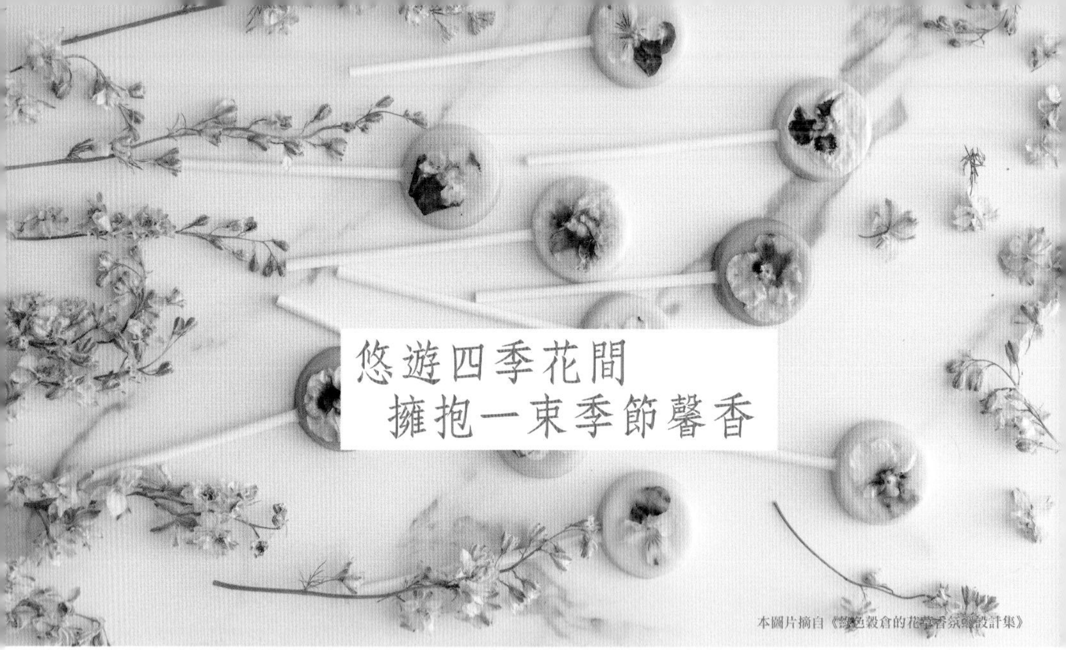

悠遊四季花間
擁抱一束季節馨香

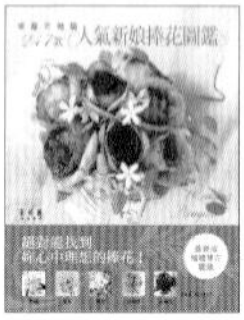

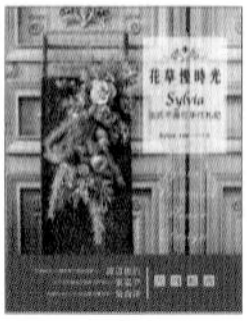

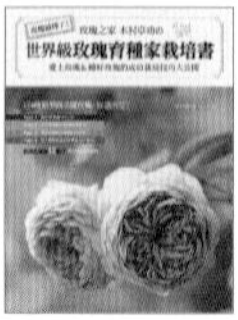

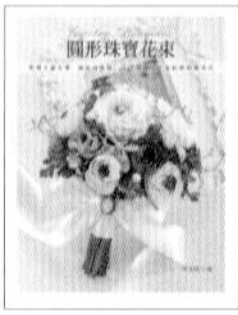

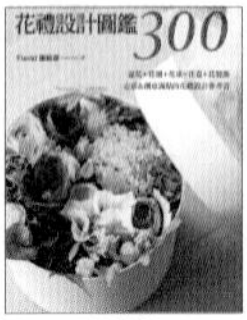

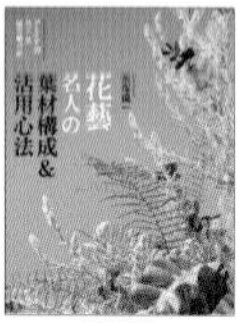

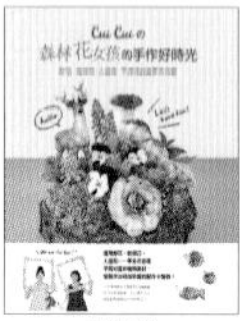

本圖片摘自《綠色穀倉的花草香氛蠟設計集》

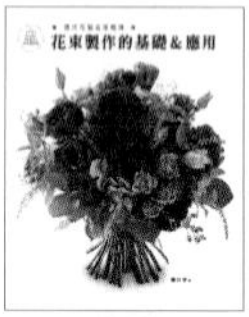

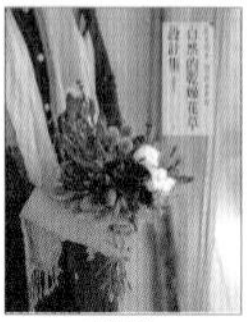

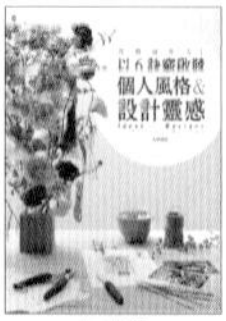

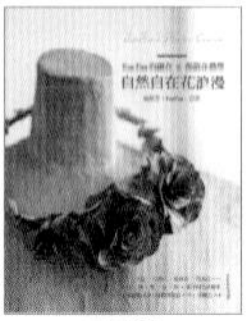

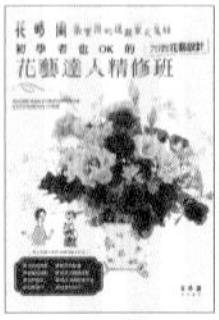

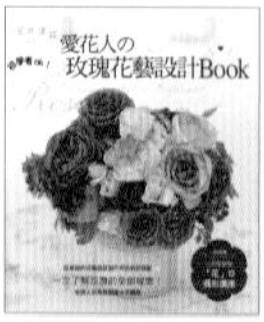

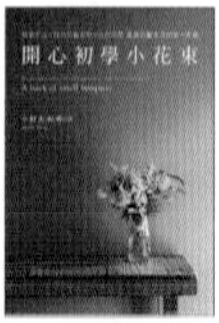

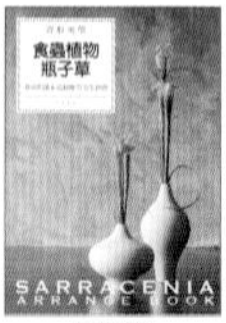

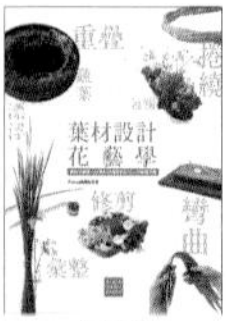

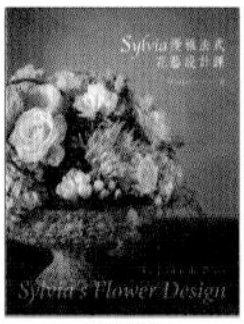

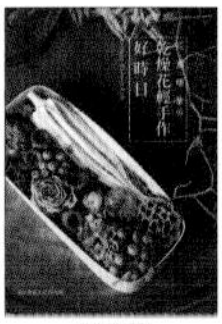

花之道 34
設計師的生活花藝香氛課：
手作的不只是花 × 皂 × 燭，
還是浪漫時尚與幸福！
作者：格子・張加瑜
定價：480 元
19×24cm・160 頁・彩色

花之道 35
最適合小空間的
盆植玫瑰栽培書
作者：木村卓功
定價：480 元
21 × 26 cm・128 頁・彩色

花之道 36
森林夢幻系手作花配飾
作者：正久りか
定價：380 元
19 × 24 cm・88 頁・彩色

花之道 37
從初階到進階・花束製作の
選花&組合&包裝
授權：Florist 編輯部
定價：480 元
19 × 26 cm・112 頁・彩色

花之道 38
零基礎 ok！小花束的
free style 設計課
作者：one coin flower 俱樂部
定價：350 元
15 × 21 cm・96 頁・彩色

花之道 39
綠色穀倉的
手綁自然風倒掛花束
作者：Kristen
定價：420 元
19 × 24 cm・136 頁・彩色

花之道 40
葉葉都是小綠藝
授權：Florist 編輯部
定價：380 元
15 × 21 cm・144 頁・彩色

花之道 41
盛開吧！花&笑容祝福系・
手作花禮設計
授權：KADOKAWA CORPORATION
定價：480 元
19 × 27.7 cm・104 頁・彩色

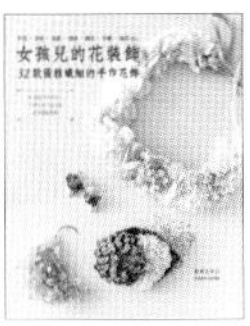

花之道 42
女孩兒的花裝飾・
32 款優雅纖細的手作花飾
作者：折田さやか
定價：480 元
19 × 24 cm・80 頁・彩色

花之道 43
法式夢幻復古風：
婚禮布置 & 花藝提案
作者：吉村みゆき
定價：580 元
18.2 × 24.7 cm・144 頁・彩色

花之道 44
Sylvia's 法式自然風手綁花
作者：Sylvia Lee
定價：580 元
19 × 24 cm・128 頁・彩色

花之道 45
綠色穀倉的
花草香芬蠟設計集
作者：Kristen
定價：480 元
19 × 24 cm・144 頁・彩色

花之道 46
Sylvia's
法式自然風手作花圈
作者：Sylvia Lee
定價：580 元
19 × 24 cm・128 頁・彩色

花之道 47
花草好時日：跟著 James
開心初學韓式花藝設計
作者：James
定價：580 元
19× 24 cm・154 頁・彩色

花之道 48
花藝設計基礎理論學
作者：磯部健司
定價：680 元
19×26cm・144 頁・彩色

花之道 49
隨手一束即風景：
初次手作倒掛的乾燥花束
作者：岡本典子
定價：380 元
19×26cm・88 頁・彩色

花之道 50
雜貨風綠植家飾：
空氣鳳梨栽培圖鑑 118
作者：鹿島善晴
定價：380 元
19×26cm・88 頁・彩色

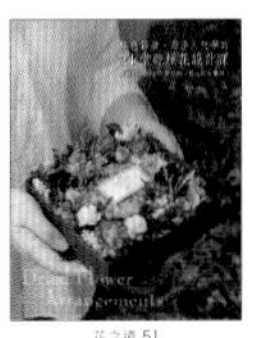

花之道 51
綠色穀倉・最多人想學的
24 堂乾燥花設計課
作者：Kristen
定價：580 元
19×24cm・152 頁・彩色

花之道 52
與自然一起吐息・
空間花設計
作者：楊婷雅
定價：680 元
19×26cm・196 頁・彩色

花之道 53
上色・構圖・成型
一次學會自然系花草香氛蠟磚
監修：篠原由子
定價：350 元
19×26cm・96 頁・彩色

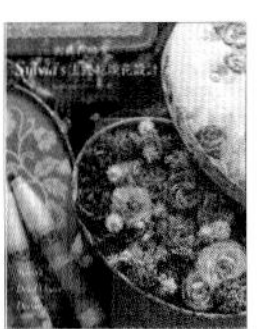

花之道 54
古典花時光・Sylvia's
法式乾燥花設計
作者：Sylvia Lee
定價：580 元
19×24cm・144 頁・彩色

花之道 55
四時花草・與花一起過日子
作者：谷匡子
定價：680 元
19×26cm・208 頁・彩色

花之道 56
從基礎開始學習：
花藝設計色彩搭配學
作者：坂口美重子
定價：580 元
19×26cm・152 頁・彩色

花之道 57
切花保鮮術：讓鮮花壽命更
持久&外觀更美好的品保關鍵
作者：市村一雄
定價：280 元
14.8×21cm・192 頁・彩色

花之道 58
法式花藝設計配色課
作者：古賀朝子
定價：580 元
19×26cm・192 頁・彩色

花之道 59
花圈設計的創意發想&製作：
150 款鮮花 × 乾燥花 × 不凋
花
× 人造花的素材花圈
作者：florist 編輯部
定價：580 元
19×26cm・232 頁・彩色

花藝好書，持續出版中……

Rose